T ravel S chedule
여행 일정

MEMO

끄적 끄적

끄적 끄적

주머니에 쏙! 가벼운 발걸음!
GO
Happy Tour
미국
서부 해안
The West Coast
Of U.S.A.
캐나다 Canada
시애틀 Seattle
샌프란시스코
San Francisco
네바다
Nevada
캘리포니아
California
로스앤젤레스
Los Angeles
미국 U.S.A.
대서양
Atlantic
Ocean
태평양
Pacific Ocean
멕시코
Mexico
멕시코만
Gulf of Mexico
혜지원

이 책을 보는 방법

How to Use This Book

이 책은 크게 지역별 소개와 여행정보 두 부분으로 나뉘어져 있습니다. 지역별 소개 부분에서는 미국 서해안을 샌프란시스코, 로스앤젤레스, 시애틀 등의 지역으로 나누어 각 지역의 교통정보와 지도를 소개하고, 또 각 지역을 네 개의 소단원으로 나누어 가장 인기 있는 명소, 쇼핑, 식당, 숙소를 소개하였습니다.

이밖에 이 책은 쇼핑과 맛집 탐방을 좋아하는 분들을 위해 유명한 맛집과 특이한 제품들을 파는 가게 정보를 두루 수록하였습니다. 이 책과 함께라면 미국 서해안을 자유롭게 누비는데 충분할 것입니다.

여행정보 부분에서는 최대한 독자를 고려하여 현지 교통, 유의할 점 등 필수 정보를 실어 누구든지 쉽게 미국 서해안 여행을 할 수 있도록 하였습니다.

여행 중에 필요한 정보를 쉽게 찾을 수 있도록 관광명소, 상점, 식당, 숙소 순서로 전화, 팩스, 주소, 홈페이지, 오픈시간, 휴관일, 교통 등이 포함된 기본 자료를 수록하였고 쉽게 알아볼 수 있도록 다음과 같은 범례를 사용하였습니다.

지도페이지 & 좌표	팩스	홈페이지
교통	개장시간	@ E-mail
주소	휴관일	
전화	가격	

이 책에 사용된 가격은 달러($)를 기준으로 하였습니다. 책에 수록된 자료(교통, 비용, 오픈시간, 주소, 전화 등)은 2008년 1월 이전 기준이며 비용부분은 변동되기 쉬우니 유의하시기 바랍니다.

주머니에 쏙! 가벼운 발걸음! Happy Tour 미국 서부 해안!

◉가볍고 편안한 크기, 두껍고 무거운 여행서는 Bye Bye!

크기 10×21cm, 무게 200g, 편안하고 부담이 없어 주머니든 가방이든 청바지 뒷주머니에도 OK!!

◉만족스러운 정보들이 ALL IN ONE!

알짜 정보만 모아서 꼭 가보아야 할 관광명소, 맛보아야 할 음식, 쇼핑할 곳에 대해 전부 모아 놓았습니다.

◉효율적인 구성으로 언제 어디서든 쉽게 찾아 사용한다!

각 지역을 장과 절로 나누고 지도를 수록하여 필요한 정보를 쉽게 찾을 수 있습니다.

◉관광명소+식당+쇼핑+숙소, 나도 이제 여행전문가!

책에 수록된 곳을 스스로 선택하여 자신이 원하는 완벽한 여행계획(2박 3일, 4박 5일)을 짤 수 있습니다.

◉여행 필수 품목 No.1!

참신하고 예쁜 디자인, 한손에 쏙 들어가는 사이즈, 비닐 표지로 싸여있어 어디든지 들고 다닐 수 있습니다.

※ p187 옷, 신발 사이즈 조견표 수록

지역 명칭 지역별 지도

명소(한국어 & 영어)

지도 좌표 & 페이지

지역 색인 & 단원(명소 · 식당 · 숙박)

명소 정보 명소 소개

샌프란시스코 San Francisco

12 다운타운 Downtown Area

명소 : 피셔맨스 워프, 마리타임 박물관, 밀랍인형 박물관, 항구 아쿠아리움, 하이드 스트리트 선착장의 역사적 선박들, 캘리포니아 바다사자, 알카트라즈 섬, 블루 앤 골드 페리, 워싱턴 스퀘어, 롬바르드 스트리트, 코이트 타워, 하버 브릿지, 웰 스파고 역사박물관, 페리 빌딩, 트랜스아메리카 피라미드, 유니언 스퀘어, 놉 힐, 파웰 스트리트 역, 인포메이션 센터, 메이든 레인, 포츠 마우스 스퀘어, 차이나 타운, 전쟁 기념 오페라 하우스, 시청, 루이스 데이비스 교향악홀, 샌프란시스코 현대 미술관, 성 패트릭 대성당, 예르바 부에나 가든, 소니 메트레온, 재팬 타운, 캘리포니아 과학 아카데미, 골든 게이트 브릿지, 예술의 궁전, 과학탐험관, 골든 게이트 파크, 트윈 픽스, 히피 거리, 카스트로, 카스트로 극장, 돌로레스 교회

쇼핑 : 피어 39, 기라델리 스퀘어, 캐너리 쇼핑 센터, 시티 라이트 서점, 엠바카데로 센터, 네이먼 마커스 백화점, 메이시스 백화점, 삭스 백화점, 앵커리지 쇼핑 센터, 리바이스, 노스 페이스 아울렛, 중고 음반 가게, 파지티블리 하이트 스트리트. 더 러브 오브 가네샤, 골든 게이트 포춘 쿠키

식당 : 보우딘 베이커리, 부에나 비스타, 해산물 노점상, 와이프 아웃, 스팅킹 로즈, 리틀 이탈리아, 써스티 베어 바, 미지타 코치나 멕시카나, 하우스 오브 난징, 치즈 케이크 팩토리, 로리스 디너, 킨테쯔 몰, 미후네, 차차차, 비치 샬렛 양조장과 음식점

숙박 : 베스트 웨스턴 캐리지 인, 놉 힐 호텔, 허버트 호텔, 홀리데이 인 피셔맨스 워프, 그랜트 호텔

로스앤젤레스 Los Angeles

164 미국 서해안 여행정보

지도색인

기타

172 여행 영어 Travel Conversation

A
B
시애틀
Seattle
2
90
90
워싱턴
Washington
195
90
95
1
12
82
12
84
포틀랜드
Portland
365
101
97
84
오레곤 Oregon
5
20
20
20
2
395
97
95
101
199
5
97
80
3
101
5
95
세크라멘토
Sacramento
나파
Napa
요세미티 국립공원
Yosemite National Park
샌프란시스코
San Francisco
580
140
머세드
Merced
1
101
프레즈노
Fresno
180
395
5
태평양
Pacific Ocean
99
1
기호
식스 플러그 매직 마운틴
Six Flags Magic
Mountain
로스앤젤레스
Los Angeles
명소
공항
숙박
쇼핑
식당
인포메이션
센터
도로
1
5
101
산타모니카
Santa Monica
N
A
B

미국 서부 해안
C
D
90
15
15
옐로스톤 국립공원
Yellow Stone
National Park
95
93
그랜드테톤 국립공원
Grand Teton
National Park
아이다호
Idaho
15
20
191
86
84
89
84
15
93
그레이트 솔트 호
Great Salt Lake
80
솔트레이크 시티
Salt Lake City
80
아치스 국립공원 방향
To Arches
National Park
93
6
15
유타
Utah
70
50
네바다
Nevada
6
브라이스캐니언
국립공원
Bryce Canyon
National Park
89
6
257
자이온 국립공원
Zion National Park
95
89
15
그랜드 캐니언
국립공원
Grand Canyon
National Park
160
라스베가스
Las Vegas
미드 호
Lake Mead
캘리포니아
California
후버 댐
Hoover Dam
플래그스태프
Flagstaff
40
40
애리조나
Arizona
15
93
17
애너하임
Anaheim
콜로라도 강
Colorado River
60
10
10
데저트 힐즈
프리미엄 아울렛
Desert Hills
Premium Outlet
5
95
10
8
샌디에이고
San Diego
멕시코
Mexico
C
D

샌프란시스코

San Francisco

MARKET STREET
POWELL AND MARKET
23
HYDE & BEACH
FISHERMANS WHARF
FISHERMANS WHARF

다운타운

Downtown Area

늘날의 샌프란시스코는 도시적 개성이 매우 뚜렷하다. 이 지역의 명문 대학인 버클리 대학과 스탠포드 대학은 샌프란시스코에 독립적 사상을 가진 비주류를 만들어 냈다. 그들은 각양각색의 주장들을 포용하며 히피 거리인 Haight Ashbury를 이루었는데, 이곳에서는 여전히 당시의 정신해방을 추구하던 시대를 추억할 수 있다. 무지개 색 깃발이 걸려있는 카스트로의 곳곳에서는 동성애 커플의 다정한 모습을 쉽게 볼 수 있다.

정보

시내교통

1. 케이블 카

샌프란시스코의 명물인 케이블카는 '딸랑차(딸랑거리는 종소리가 울린다)' 라고도 불린다. 1873년에 개통되어 현재 세 개의 노선이 있다.

💲 성인과 아동 모두 3달러.

• **파웰 하이드 노선(Powell Hyde Line)** : 할리디에 플라자를 왕복하며, Market St.와 Powell St. 두 거리의 교차 지점과 가까운 아쿠아틱 파크의 환승역에서 출발한다. 중간에 노스 비치, 러시안 힐, 차이나 타운, 케이블카 박물관, Lombard St.를 지나며 피셔맨스 워프, 통조림 공장의 서측까지 운행한다. 마리타임 박물관 근처의 종착역인 빅토리아 파크까지 30분 정도 소요된다.

• **파웰 메이슨 노선(Powell Mason Line)** : Powell St.와 Market St.의 교차 지점의 기점역에서 출발하며, 중간에 놉 힐, 차이나 타운, 케이블카 박물관 그리고 노스 비치, 그 다음 피셔맨스 워프 동쪽을 지나 Taylor St.와 Bay St.가 교차하는 지점에 종착한다. 만약 피셔맨스 워프의 피어 39까지 곧장 가고 싶다면 이 노선을 추천한다. 총 25분이 소요된다.

• **캘리포니아 스트리트 노선(California Street Line)** : 주로 California St.에서 운행하며 동서 양 방향으로 각각 Market St.와 반 네스 애비뉴(South Van Ness Avenue)를 연결한다. 총 25분이 소요된다.

2. 버스

75개 이상의 노선이 바둑판 모양의 길을 따라 운행하여 상당히 편리하다.

💲 성인(18~64세) 1달러 25센트, 청소년(5~17세) 35센트, 노인(65세 이상)과 장애인 35센트. 승차 시 표를 구입하며 잔돈은 각자 준비해야 한다.

❗1개월에 45달러짜리 패스트 패스 통행권을 구입하면 발보아 파크와 엠바카데로 역 간의 BART(지하철 시스템)을 무료로 이용할 수 있다.

3. MUNI 메트로(MUNI Metro Streetcar)

J, K, L, M, N, E, F 등 7개 노선이 있다. F노선은 주로 노면에서 운행하고 페리 빌딩에서 Market/Stockton St. 입구까지 왕복한다. 고전적인 외형으로 '역사적인 노면전차(Hystoric streetcar)' 라고 불린다.

요금은 버스와 같으며 지하철역의 매표소에서 표 구매가 가능하다.

4. BART

BART(Bay Area Rapid Transit)는 샌프란시스코 항구의 각 지역을 운행하며 Market St.를 중심으로 5개의 노선과 총 43개의 역이 있다. 샌프란시스코 국제공항에서도 BART를 타고 시내로 들어갈 수 있다.

거리를 기준으로 1달러 25센트에서부터 7달러 45센트까지 다양하다.

※뉴니 패스(MUNI Pass) :

샌프란시스코의 대중교통은 주로 San Francisco's Municipal Railway(Muni, 뮤니)가 관리하며 버스, 지하철과 케이블카 등을 포함한다. '뮤니 패스'는 관광서비스센터에서 구입할 수 있고 사용기한 내에 횟수에 상관없이 버스와 지하철, 케이블카를 이용할 수 있다.

1일 통행권 11달러, 3일 통행권 18달러, 7일 통행권 24달러

(1-415)351-3443

www.sfmuni.com

Bus Routes 버스 노선
Route Indicator 버스 번호
Cable Car Route 케이블카 노선
Street Car（F-line）
Ferry Service 페리
BART Station 바트 역
MUNI Underground 뮤니 지하철
One Way Traffic 일방통행
End of One Way Traffic
Direction of Highway Ramps
쇼핑
공원
해변
명소
병원
골든 게이트 브리지
Golden Gate Bridge
(Toll South Bound)
소살라토 방향
To Salsalito
Fort Point
To Sausalito,
Tiburon,
Napa & Sonoma
Mason St.
Lincoln Blvd.
McDowell
Lincoln Blvd.
Golden Gate National Recreation Area
Lincoln Blvd.
프리시디오
Presidio
Arguello Blvd.
Presidio Blvd.
Pacific Ave.
씨 클리프
Sea Cliff
25th Ave.
Legion of Honor Dr.
링컨 파크
Lincoln Park
Lake St.
California St.
Clement St.
Geary Blvd.
리치몬드
Richmond
Great Highway
Pacific Ocean
태평양
43rd Ave.
34th Ave.
25th Ave.
Anza St.
Balboa St.
Cabrillo St.
Fulton St.
14th St.
Park Presidio Blvd.
Funston Ave.
7th Ave.
Arguello Blvd.
Mason Ave.
비치 샬렛 양조장과 음식점
Beach Chalet Brewery and Restaurant
Conservatory of Flowers
Japanese Tea Garden
골든 게이트 파크
Golden Gate Park
차차차
Stanyan St.
Mason Ave.
Lincoln Way
Great Highway
46th Ave.
Sunset Blvd.
Sunset
Norlega St.
19th Ave.
7th Ave.
N

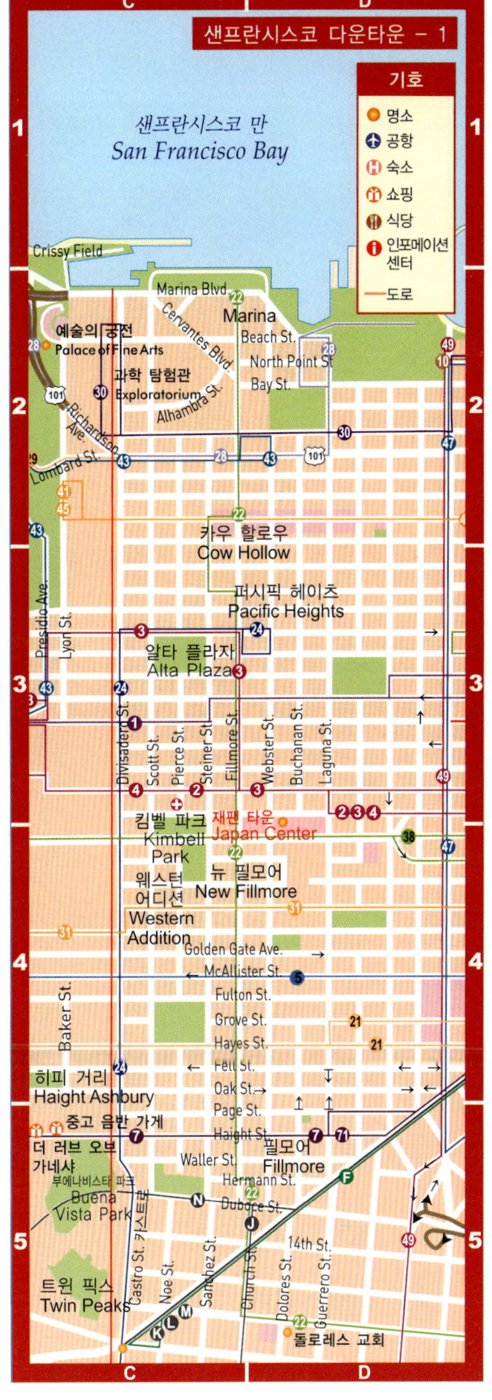

C
D
샌프란시스코 다운타운 – 1
기호
명소
공항
숙소
쇼핑
식당
인포메이션 센터
도로
샌프란시스코 만
San Francisco Bay
Crissy Field
Marina Blvd.
Cervantes Blvd.
Marina
Beach St.
North Point St.
Bay St.
예술의 궁전
Palace of Fine Arts
과학 탐험관
Exploratorium
Alhambra St.
Richardson Ave.
Lombard St.
카우 할로우
Cow Hollow
퍼시픽 헤이츠
Pacific Heights
Presidio Ave.
Lyon St.
알타 플라자
Alta Plaza
Divisadero St.
Scott St.
Pierce St.
Steiner St.
Fillmore St.
Webster St.
Buchanan St.
Laguna St.
킴벨 파크
Kimbell Park
재팬 타운
Japan Center
웨스턴 어디션
Western Addition
뉴 필모어
New Fillmore
Golden Gate Ave.
McAllister St.
Baker St.
Fulton St.
Grove St.
Hayes St.
Fell St.
히피 거리
Haight Ashbury
Oak St.
Page St.
중고 음반 가게
Haight St.
더 러브 오브 가네샤
Waller St.
필모어
Fillmore
부에나비스타 파크
Buena Vista Park
Hermann St.
Duboce St.
14th St.
트윈 픽스
Twin Peaks
Castro St.
Noe St.
Sanchez St.
Church St.
Dolores St.
Guerrero St.
돌로레스 교회
C
D
다운타운
샌프란시스코

A
B
1
블루&골드 페리
Blue & Gold Fleet
To Sausalito &
Tiburon
앵커리지
쇼핑 센터
Anchorage
밀랍인형
박물관
SF Maritime
National Historical
Park
캘리포니아
바다 사자
Hyde St.
Pier
피셔맨스 보우딘
워프 베이커리
Jefferson St.
마리타임
박물관
Fort Mason
피셔맨스 워프
The Beach St.
Cannery
Fishermans
Wharf
Bay St.
28
기라델리 스퀘어
Ghirardelli
Square
Francisco St.
Holiday Inn
Fisherman's Wharf
Bay St.
Francisco St.
2
Chestnut St.
부에나
비스타
Chestnut St.
Lombard St.
롬바르드 스트리트
Lombard St.
Greenwich St.
러시안 힐
Russian Hill
Filbert St.
39
Union St.
Green St.
워싱턴 스퀘어
Vallejo St.
Washington
Square
Broadway
Pacific Ave.
골든게이토
포춘쿠키
Jackson St.
Cable Car
Museum
45
Washington St.
Clay St.
놉 힐
Nob
Hill
3
Sacramento St.
California St.
Pine St.
Grant Hotel
Nob Hill Hotel
로리스 디너
Sutter St.
유니언
스퀘어
Post St.
Geary St.
Union
Square
제퍼슨 스퀘어
Jefferson
Square
O'Farrell St.
The Herbert Hotel
Ellis St.
SF Information
Centre
Eddy St.
파웰
스트리트 역
Powell St.
Station
Turk St.
Civic Center
Veteran's
Building
시청
City
Hall
Asian Art
Museum
Library
Best Western
Carriage Inn
오페라
하우스
Opera House
Civic Center
Station
돌로레스 교회
Mission Dolores
교향악 홀
Symphony
Hall
South of
Market
(SOMA)
F
Mission St.
S. Van Ness
Folsom St.
Harrison St.
Bryant St.
Portero Ave.
16th St.
Van Ness Ave.
Polk St.
Larkin St.
Hyde St.
Leavenworth St.
Jones St.
Taylor St.
Mason St.
Powell St.
Stockton St.
Gough St.
Franklin St.
South Van Ness Ave
10th St.
9th St.
8th St.
7th St.
11th St.
12th St.
Market St.
6th St.
5th St.
Folsom St.

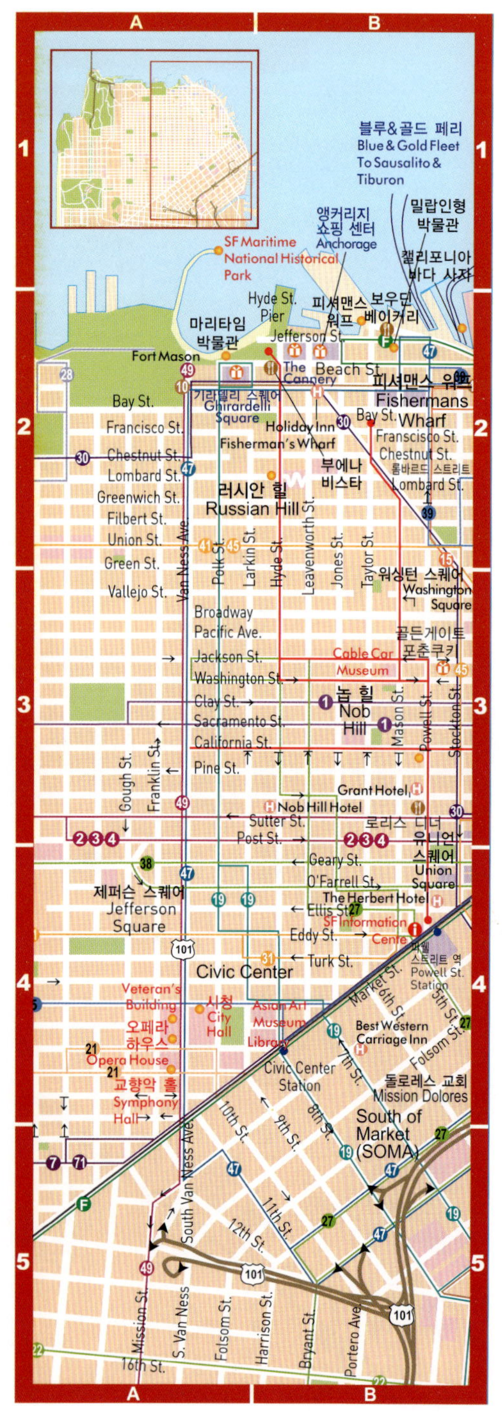

16

샌프란시스코 다운타운 - 2
기호
명소
공항
숙소
쇼핑
식당
인포메이션 센터
지하철 노선
도로
Blue & Gold Fleet To Vallejo, Jack London Square & Oakland, and Bay Cruise
피어 39
Pier 39
항구 아쿠아리움
The Embarcadero
Telegraph Hill
코이트 타워
Coit Tower
North Beach
Union St.
Green St.
웰스파고 역사박물관
Wells Fargo History Museum
시티 라이트 서점
Vallejo St.
Broadway
차이나 타운
China Town
트랜스 아메리카 피라미드
엠바카데로 센터
Embarcadero Center
페리 빌딩
Ferry Building
Justin Herman Plaza
Grant St.
Kearny St.
Montgomery St.
Sacramento St.
Battery St.
Front St.
Davis St.
Drumm St.
Columbus Ave
Sanssome St.
Chinatown Gate
Financial District
Embarcadero Station
하버 브릿지
Bay Bridge (Toll West Bound)
메이든 레인
Maiden Lane
Montgomery St. Station
현대 미술관
Museum of Modern Art
Steuart St.
Spear St.
Main St.
Beale St.
Fremont St.
1st St.
2nd St.
Mission St.
St. Patrick Cathedral
에르바 부에나 가든
Yerba Buena Gardens
소니 메트레온
Sony Metreon
써스티 비어 바
Thirsty Bear Brewing Company
캘리포니아 과학 아카데미
California Academy of Sciences
Harrison St.
Brant St.
Bryant St.
Bratman St.
사우스 비치
South Beach
Townsend St.
King St.
Berry St.
China Basin
To San Francisco Int'l Airport
샌프란시스코
다운타운

◉ 명소

피셔맨스 워프
Fisherman's Wharf

🧭 P16B2

🚋 케이블카 파웰 메이슨 노선 Bay St.와 Taylor St. 교차 지점에서 하차/15, 30, 42번 버스/F노선 Hystoric streetcar

🏠 샌프란시스코 중심부 북쪽으로 약 32km에 위치.

☎ 1-415-274-0513

🌐 www.fishermanswharf. org

피셔맨스 워프(Fisherman's Wharf)에는 이곳을 상징하는 지표가 세 가지 있다. 하나는 길목의 꽃게가 그려져 있는 큰 바퀴이고, 두 번째는 무리를 이루어 햇볕을 쬐고 있는 바다사자들이며, 세 번째는 39번 선착장 중앙의 회전목마이다.

피셔맨스 워프는 원래 이탈리아 이민자들이 바로 나가 고기를 잡던 항구였다. 인근 연해에서는 신선한 꽃게와 새우, 오징어 등이 풍부하게 생산된다. 어부들은 매일 새벽 3시에 출항하여 오후에 부두로 돌아온다. 호기심 많은 사람들은 그들이 잡은 고기를 구경하고, 신선한 해산물을 구입하기도 했는데, 후에 어부들은 아예 부둣가에 가판을 벌이고 해산물을 팔며 해물탕과 해산물 샐러드를 만들어 사람들에게 대접하기 시작하였다. 이것이 점점 발전하여 지금의 피셔맨스 워프의 모습을 이루게 되었다.

오늘날까지 이러한 가판들의 대다수는 Jefferson St.와 Taylor St.의

마리타임 박물관
Maritime Museum

🧭 P16A2

🏠 900 Beach St.

☎ 1-415-561-7100

🕐 10:00~17:00

💲 무료

교차지역에 모여 있다. 맞은편 광장에 있는 꽂게 마크의 표지판에는 'Fisherman's wharf' 라고 커다랗게 쓰여 있다.

이곳에 관광객들의 발길이 끊이지 않는 이유는 가판대 외에도 박물관, 상점, 화랑, 골동품점, 식당, 쇼핑센터와 기념품점이 몰려있기 때문이다. 39번, 41번 선착장도 이 지역에 포함되어 넓은 관광지역을 이루었다.

항구에는 각종 선박들이 아름다움을 뽐내며 정박해 있고, 바닷가를 따라 나 있는 길가에는 거리의 예술가들이 자리를 차지하고 앉아 초상화를 그려주거나 멕시코 음악을 연주하기도 하는 등 모두 각자의 재주를 발휘하며 부두에 활기를 가져다준다. 그들이 선사한 즐거움에 감사하는 팁을 주는 것을 잊지 말자.

샌프란시스코 항구 근처에 위치한 마리타임 박물관(Maritime Museum)의 하얀 여객선 모양의 외관은 상당히 눈에 띈다. 1939년 완공되어 샌프란시스코 항구의 옛날과 지금 모습, 그리고 선박 발전과 관련된 역사를 전시하고 있다. 돛대, 통나무, 뱃머리 조각 등은 당시의 항해 생활을 재현하고, 각종 기구와 사진은 캘리포니아 골드러시의 세월을 기록하고 있다. 2층에는 대형 닻과 항해도구 등 선박의 설비와 증기터빈 모형 등이 전시되어 있다.

밀랍인형 박물관
Wax Museum at Fisherman's Wharf

 P16B2
 145 Jefferson St.,
   San Francisco, CA 94133
 1-800-439-4305
 10:00~21:00
 성인 12달러 95센트,
12세~17세 9달러 95센트,
6세~11세 6달러 95센트
 www.waxmuseum.com

Thomas Fong이 1963년 설립한 이 밀랍인형 박물관(Wax Museum at Fisherman's Wharf)에는 역사적 인물, 과학자, 종교지도자 등 유명인의 밀랍인형이 살아있는 것처럼 생생하게 전시되어 있다. 여기

항구 아쿠아리움
Aquarium of the Bay

 P17C2
 Pier 39, The Embarcadero
   at Beach St. CA 94133
 1-415-623-5300,
   1-888-732-3483
 여름 : 매일 9:00~20:00
   겨울 : 월요일~목요일

하이드 스트리트 선착장의 역사적 선박들
Hyde St. Pier Historic Ships

 P16B1
 San Francisco Maritime National Historical Park, Hyde St. Pier의 끝에 위치.
 1-415-447-5000
 9:30~17:00
 7일권은 성인 5달러, 16세 이하는 무료

국립 샌프란시스코 마리타임 역사공원 구역 내에 있는 선착장에는 Eureka, C.A. Thayer 등 미국 태평양 연안의 발전사에서 중요한 위치를 차지하는 선박들이 질서정연하게 정박해있다. 그중 돛대가 세 개 달린 「Balclutha호」는 1883년

에는 많은 사람의 추대를 받은 인물도 있고 악명이 높았던 인물도 있다. 그중에는 제니퍼 로페즈, 브리트니 스피어스, 키아누 리브스 등 영화배우가 대다수를 차지한다. 밀랍인형은 약 300개 이상이 전시되어 있다.

10:00~18:00
금요일~일요일 : 10:00~19:00
ⓢ 성인 14달러 95센트,
　3~11세, 65세 이상 8달러,
　패밀리 티켓(성인 두 명, 어린이 두 명) 37달러 95센트
ⓦ www.aquariumofthebay.com
ⓗ 12월 25일

1966년에 개장하여 2001년에 리모델링된, 총 400백만 달러가 투자된 아쿠아리움이다. 관람객들은 무빙워크를 따라 투명한 터널을 두 개 지나는데 총 이동거리는 약 1.6km이다. 터널 위를 보면 샌프란시스코항의 해저세계가 펼쳐지고 내부에는 인근해역의 어류 2만여 종이 전시되어 있다.

스코틀랜드에서 제작된 것으로, 지금은 해상 박물관으로 바뀌어 관광객들의 발길이 끊이지 않고 있다. 당시 이 배는 귀중한 화물을 가득 싣고 유럽에서 칠레의 Cape Horn을 거쳐 샌프란시스코까지 운항하였다고 한다.

캘리포니아 바다사자
California Sea Lions

ⓟ P16B2
ⓐ Pier 39 K-Dock
ⓣ 1-415-289-7335
ⓦ www.marinemammal-center.org

햇볕이 내리쬐는 따스한 날에 피어 39 옆에서 보도를 따라 끝까지 가면 수많은 바다사자가 뗏목 위에 늘어져 일광욕을 하는 신기한 광경을 볼 수 있다. 어떤 것들은 쉬지 않고 뚱뚱한 몸을 흔들어대기도 하며 어떤 것들은 머리를 치켜들고 열심히 소리를 내며 관람객들의 시선을 끈다.

1975년에 설립된 해양포유동물센터(Marine Mammal Center)는 캘리포니아 일대의 동물들에 대한 보호활동과 연구를 진행하였는데 바다사자는 주요 관찰 대상 중 하나이다.

피어 39의 2층 자료실에서는 관람객들이 바다사자를 구경하는 것 외에도 대자연을 더욱 아끼고 보호할 수 있도록 다양한 설명 자료를 구비해놓고 있다.

알카트라즈 섬
Alcatraz Island

- 🏄 피셔맨스 워프 Pier 33에서 「Alcatraz Cruises」 유람선을 타고 갈 수 있으며 약 15분 정도 소요.
- 📞 1-415-981-7625
- 🕐 첫 유람선은 9시 반에 출발, 두 번째는 10시 15분에 출발하며 매 30분마다 한 번씩 운행. 마지막 배는 14시 15분에 출발.
- 💲 관람시간은 2~3시간이다. 유람선 티켓에는 섬에서 관람하는 비용이 포함되며, 음성 가이드 포함 여부에 따라 요금이 달라진다.
  음성 가이드 포함 12~61세는 18달러 75센트, 62세 이상은 17달러 25센트, 5~11세는

블루 앤 골드 페리
Blue and Gold Fleet

- 🧭 P16B1
- 🏠 Pier 39, The Embarcadero at Beach St., San Francisco, CA 94133
- 📞 1-415-705-8200
- 🌐 www.blueandgoldfleet.

워싱턴 스퀘어
Washington Square

- 🧭 P16B3
- 🚌 15번, 30번 버스를 타거나 파웰 메이슨 노선의 케이블카를 탑승.
  파웰 메이슨 노선의 케이블카를 타고 Columbus Avenue에 하차하면 북부 해변에 이르는데, 여기서 이 길을 따라서 가면 곧 워싱턴 스퀘어(Washington Square)가 나타난다. 워싱턴 스퀘어는 샌프란시스코에서 가장 먼저 조성된 세 개의 공원 중 하나로 William Eddy

10달러 25센트이며 음성 가이드를 포함하지 않을 경우 5달러가 제해진다. 음성 가이드에는 섬 전체의 관광지 소개가 녹음되어 있다. 섬에 오른 뒤 입구에서 티켓을 제시하면 수령할 수 있다.

www.alcatrazcruises.com

알카트라즈 섬(Alcatraz Island)에서는 차갑고 거센 파도와 잔혹무도한 상어가 둘러싸고 있어 탈출이 불가능하다. 그래서 이곳은 미국 연방정부가 범죄자를 수용하는 곳이 되었다. 이곳에는 시카고의 마피아 두목 Alcapone, 냉혹한 살인자이지만 새에 대해서는 박사였던 「버드맨」 Robert Stroud와 「냉혈 기관총 킬러」 George Kelly 등이 감금된 바 있다.

한 번도 사형이 집행되지 않았던 이 섬은 1934년 연방감옥으로 개설되어 1963년 감옥이 문을 닫을 때까지 336개의 방이 모두 찬 적이 한 번도 없었고 평균 수용자 수는 260명이었다고 한다. 수용자를 내보낸 후 1969년부터 1971년까지 알카트라즈 섬은 인디안들에게 점령당했지만 결국에는 인디안들도 쫓겨나게 되었다.

현재의 알카트라즈 섬은 골든 게이트 휴양지에 예속되어 있다. 섬에 오른 후에 해안가에서는 가이드가 섬에서의 규칙에 대해 설명해주고, 자동판매기에서 이 섬의 지도를 사기를 권한다. 고개를 타고 위로 올라가 이끼가 가득 긴 벽돌로 쌓은 터널을 지나면, 예전의 감옥이 있던 지역(Cell House)에 다다를 수 있다. 감방 일부는 전시실, 상점, 방영실로 바뀌어 자유롭게 출입할 수 있다.

com

피셔맨스 워프에는 여러 카페리(car ferry) 회사에 속한 페리들이 정박해 있는데 그 중에서 Blue and Gold는 규모가 가장 크며 피어 38과 피어 41에 각각 선착장이 있다. 매일 각기 다른 노선이 Angel Island, Alameda, Oakland, Sausalito, Tiburon, Vallejo 등 여러 곳으로 운항한다. 관광객들은 8가지 노선 중 하나를 선택하여 샌프란시스코의 풍경을 감상하는 것 외에도 와인으로 유명한 나파 밸리 주변의 아름다운 경치를 감상할 수 있다. 샌프란시스코에 온다면 흥미진진한 유람선 여행을 놓치지 말자.

가 설계한 것이다. 주변에는 레스토랑과 성 피터 바오로 대성당이 있는데 이 성당은 마릴린 먼로의 결혼식이 열린 곳으로도 유명하다. 주민들은 화창한 오후에 개를 산책시키거나 나무 그늘 아래에서 독서를 즐기곤 한다.

롬바르드 스트리트
Lombard Street

🔺P16B2

🔹파웰 하이드 노선의 케이블 카를 타거나 45번 버스 탑 승.

🏠러시안 힐(Russian Hill)

파웰 하이드 노선의 케이블카를 타고 Hyde Street를 따라 천천히 러시안 힐의 정상에 오를 때쯤이면 멀리 피셔맨스 워프와 알카트라즈 섬이 보인다. 이 아름다운 경치는

코이트 타워
Coit Tower

🔺P17C2

🔹39번 버스 탑승.

🏠1 Telegraph Hill Blvd.

☎1-415-362-0808

⏱5 ～9월 10:00～19:30 , 10～4월 10:00～17:00

💲타워 꼭대기까지 올라가는 요금은 성인 3달러 75센트, 65세 이상 2달러 50센트, 6～12세 1달러 50센트이다. 티켓은 1층의 서점 카운터에 서 구매하며 티켓 구입 후 엘리베이터를 이용하여 꼭대 기로 올라가면 된다.

거리에서 판매하는 풍경 엽서에서도 종종 볼 수 있다.

롬바르드 스트리트(Lombard Street)는 러시안 힐의 동쪽에 있는 언덕길이며 세계에서 커브가 가장 많은 고갯길 중 하나이다. 이 구불구불한 도로는 20년대 초에는 원래 직선의 왕복 차도였으나 40도나 되는 경사 때문에 운전자들은 운행에 어려움을 겪곤 했다. 1920년 샌프란시스코 정부는 차들이 쉽게 언덕을 오를 수 있도록 이 길을 8개의 연속 커브길로 고쳐서 전 세계에서 가장 구불구불한 도로를 만들었다.

자신의 운전 실력이 남들보다 한 수 위라고 생각하는 운전자들은 이곳에 와서 자신의 재능을 시험해 보기를 바란다. 매년 봄이 오면 주변에는 녹음이 짙은 나무와 화사한 꽃이 피기 때문에 많은 관광객들은 이곳에서 사진을 찍으며 추억을 만든다.

1층 벽화는 무료로 관람 가능. 북해안의 중심점인 워싱턴 스퀘어에 서면 하늘을 찌를 듯한 높이의 코이트 타워(Coit Tower)를 볼 수 있다. 유명한 가문 출신의 릴리 코이트(Lillie Hitchcock, Coit)는 화재 현장에서 구사일생으로 살아남게 되자 유산을 소방대에 기부하였다. 시에서는 유산의 일부를 사용하여 1933년 텔레그라프 힐(Telegraph Hill) 위에 210피트의 소방대원 영웅탑을 세웠는데, 그것이 바로 코이트 타워로 소방호스 모양의 외관이 인상적이다.

현재 이 고층의 탑은 이미 가장 눈에 띄는 명물이 되었다. 샌프란시스코를 한눈에 살펴보고 싶다면 코이트 타워가 최적의 선택이 될 것이다. 엘리베이터를 타고 꼭대기로 올라가면 북부 해안에서부터 해안가의 풍경까지 두루 볼 수 있으며 피셔맨스 워프와 알카트라즈 섬도 눈 속에 담을 수 있다.

1층의 벽화는 또 하나의 관람코스로 샌프란시스코의 역사가 그 벽화에 고스란히 담겨있다. 26명의 예술가들은 섬세한 붓놀림과 선명한 색채로 30년대 캘리포니아주의 사건들을 상세히 기록하였다. 위층에는 에그 템페라 기법으로 그려진 그림이 한 폭 있고 엘리베이터에는 유화가 그려져 있다.

하버 브리지
Harbor Bridge

P17D3

샌프란시스코에는 오렌지색 불빛이 눈부신 골든 게이트 브리지 외에 또 하나의 유명한 다리가 있다. 바로 샌프란시스코항에 걸쳐 있는 하버 브리지(Harbor Bridge)이다. 다운타운과 오클랜드 지역을 연결하는 매우 중요한 교통의 요지로서 오가는 차량들이 한낮에 내리쬐는 햇볕 아래에 더욱 눈부시게 빛난다.

웰스 파고 역사박물관
Wells Fargo History Museum

P17C3

420 Montgomery St.

1-415-396-2619

9:00~17:00

무료

Montgomery St.와 Sacramento St.가 교차하는 지점에 위치한다.

캘리포니아에서 역사가 가장 오래된 웰스 파고 은행은 1853년 7월 13일에 창립되었고, 골드러시 시기에 안정적이고 신뢰성 있는 운송, 금융교류, 환전 등의 서비스를 제공하며 최고의 은행으로 떠오르기 시작했다. 은행 입구의 홀에는 백년의 역사를 지닌 대형 역마차가 진열되어 있는데 이것은 당시 화물, 황금, 소포, 우편 등을 운송하는 수단이었다. 은행 안에는 무료로 관람이 가능한 웰스 파고 역사박물관(Wells Fargo History Museum)이 있다. 포스터, 글자, 사진 등으로 은행의 발달사를 소개하고 있고 금고, 화폐, 보석함, 예술품에서부터 샌프란시스코의 대화재 등에 관련된 자료까지 전시되어 있어 꼭 한번 관람해볼 만한 곳이다.

페리 빌딩
Ferry Building

P17D3

One Ferry Building, San Francisco, CA 94111

1-415-693-0996

월~금요일 10:00~18:00,
토요일 9:00~18:00,
일요일 11:00~17:00
파머스 마켓 :
화요일 10:00~14:00,
목요일 16:00~20:00,
토요일 8:00~14:00,
일요일 10:00~14:00

www.ferrybuildingmarketplace.com

페리 빌딩(Ferry Building)은 샌프란시스코항 옆에 위치해 있으며 엠바카데로 센터와는 한 블록 거리에 있다. 가장 확실한 지표는 스페인 교회를 본뜬 230피트짜리 종탑이다. 1936년 하버 브리지가 완공되

명소

트랜스아메리카 피라미드
Transamerica Pyramid

P17C3

600 Montgomery St.

피라미드 모양처럼 생긴 이 건물은 현대적인 샌프란시스코를 상징하는 빌딩으로 금융지구의 현대건축물 중 특히 눈에 띈다. 이 빌딩은 1972년에 지어져 그 높이가 234미터에 달하며 총 48층으로 이루어져 있다. 내부에는 많은 기업들이 자리잡고 있는데 관광객에게는 개방하지 않으며 출입증이 있는 직원만 드나들 수 있다. Washing St.를 마주하는 1층의 유리문 안에 있는 TV에서는 꼭대기에서 시내를 조망한 시뮬레이션 화면을 보여준다.

기 찐 페리 빌딩은 원래 복잡한 페리 선착장이었다가 지금은 페리 빌딩 마켓이 되었다. 마켓 내부에는 상점이 즐비하게 들어서서 빵, 치즈, 포도주, 야채, 과일 등을 판매하고 있고, 멕시코식, 미국식, 이탈리아식 등 이국적인 식당들도 있다. 항구의 한 쪽에는 많은 유람선들이 정박해있다. 매주 화·목·토·일 요일에 열리는 페리 프라자 파머스 마켓에서는 노점상들이 모여 재래시장과 같은 활기찬 분위기를 연출한다.

유니언 스퀘어
Union Square

P16B4

파웰 하이드 노선과 파웰 메이슨 노선의 케이블카가 경유하며, 거의 모든 버스노선이 지나간다.

유니언 스퀘어(Union Square)는 비록 규모는 작지만 샌프란시스코 Geary 시장이 1850년 이 도시에 기증한 선물로, 미국 남북전쟁 시기에 연방 통일회의의 장소가 됨으로써 유니언 스퀘어라고 이름 지어졌다. 비록 광장의 설립이 전쟁과는 아무런 관련이 없지만 광장 중앙의 뾰족한 모서리 원기둥에 서있는 승리의 여신상은 미국과 스페인의 전쟁 당시 마닐라만에서 스페인 함대를 격파한 미 해군 대장 Dewey를 기념하기 위해 만든 것이다.

유니언 스퀘어는 2002년 5월에 재정비 되면서 공원처럼 쾌적하게

놉 힐
Nob Hill

P16B3

California 케이블카는 놉 힐의 산간지대의 메인 스트리트를 지나며 1번 버스도 이곳을 지난다.

놉 힐(Nob Hill)은 샌프란시스코 다운타운에서 가장 높은 산이다. 높이가 101미터에 달하며 시에서 가장 고급스러운 지역이기도 하다. 「놉」은 힌두어로 「대부호」 혹은 「영향력 있는 사람」이라는 뜻이다. 1878년, 최초의 케이블카가 이 산 비탈에 개통했을 당시 골드러시로 인해 부자가 된 두 명과 태평양 철도로 인해 출세한 네 명의 사람이

산 위에 아름다운 저택을 하나 지었다. 이때부터 이곳은 부호들의 거주지가 되었으며 놉 힐이라는 이름이 생기게 되었다.

이 호화 저택들은 1906년 대지진으로 인해 훼손되었는데, 후에 고급 호텔과 아름다운 성당으로 개축되었다. 헌팅턴 파크를 중심으로

정돈되었다. 종려나무, 주목, 화초들이 심어져 있으며 노천카페와 공연 무대 등이 설치되어 있다. 휴일에는 종종 거리 전시회나 벼룩시장 등이 펼쳐진다.

또한 유니언 스퀘어는 샌프란시스코 시내의 유명한 쇼핑센터이다. 주변에는 고급 명품점들이 밀집해 있는데, Tiffany, Cartier, Chanel, Gucci 등의 패션 쥬얼리 전문점과 Macy's, Neiman Marcus 등 대형 백화점이 있다.

하여 유명한 Fairmont Hotel은 은광 대부호인 James Fair의 옛 저택 부지에 위치한다. 이는 허스트 성의 명 건축가 줄리아 모건이 1906년 화재 후 재건한 것으로 화강암 외관이 매우 웅장하다.

Fairmont Hotel에서 가장 유명한 것은 차일이 있는 정문의 통로와 붉은 카펫, 샹들리에, 이탈리아산 대리석 원기둥이 어우러진 화려한 홀이다. 홀 안에는 찻집과 꽃집이 있는데, 이곳은 2차 세계대전 후 연합국이 대서양헌장의 초안을 잡은 지점으로서, 근대역사에서 상당히 중요한 지위를 차지하고 있다.

인근의 Mark Hopkins Inter Continental Hotel은 철도 대부호 Mark Hopkins의 옛 거주지이다. 눈처럼 흰 대리석 벽면과 프랑스식 원형 창문은 프랑스의 궁전을 연상시키며 옥상에 있는 유명한 칵테일 바에서는 샌프란시스코의 시내를 내려다 볼 수 있다.

Taylor St.와 California St.의 교차지에 위치한 그레이스 대성당은 또 다른 철도 대부호인 Charles Crocker의 옛 거주지이다. 신고딕식 건축물은 파리의 노트르담 양식을 참고하여 1914년에 착공하고 1964년에 완성되었으며, 과학자 아인슈타인과 미국의 우주 비행사 John Glenn을 묘사한 스테인드글라스로 유명하다.

파웰 스트리트 역
Powell Street Station

P16B4

Powell St.와 Market St.의 교차지점

유니언 스퀘어에 위치한 파웰 스트리트(Powell St.)는 전차, 지하철, 버스 등 각종 교통수단이 모이는 곳이며 Hyde St.와 Mason St., 두 노선을 왕복하는 케이블카는 이곳이 바로 출발역이자 종착역기도 하다. 매번 차가 종착역에 돌아올 때면 운전사는 지면의 전환설계를 통해 가볍게 차의 머리와 차체를 돌려 다시 출발할 수 있다. 이곳의 티켓 판매소에서는 뮤니 패스(Muni Pass)를 구매하거나 여행 정보를 얻을 수 있다.

인포메이션 센터
Visitor Information Center

P16B4

900 Market St., Powell St.와 만나는 지점 근처, Hallidie Plaza 지하에 위치.

1-415-391-2000

월~금요일 9:00~17:00, 토~일요일 9:00~15:00

11~4월과 일요일은 휴무

메이든 레인
Maiden Lane

🔺P17C4

🏠유니언 광장 동쪽에서 Kearny St. 방향으로 가면 대략 두 길목에 걸쳐 있다.

골드러시 시기 이곳의 원래 이름은 Molton Street로, 무수히 많은 술집들이 있었다. 1906년의 샌프란시스코 대지진으로 많은 건물들이 훼손되어 거리를 재정비하게 되면서 메이든 레인(Maiden Lane)으로 이름 붙여졌다. 골목 안에는 유명한 소품점, 화랑, 소형 노천카페 등이 있어 사람들이 많이 다닌다.

포츠 마우스 스퀘어
Portsmouth Square

🔺P17C3

웨이벌리 플레이스에서 동쪽으로 한 블록 가면 Kearny St.와 Clay St.가 있는데 이 둘 사이에 바로 포츠 마우스 스퀘어(Portsmouth Square)가 있다. 1846년 샌프란시스코 다운타운에서 가장 처음으로 미국 국기가 휘날린 곳이자 최초로 샌프란시스코의 금괴 발견을 선포한 곳으로, 엄청난 골드러시를 일으킨 지점이기도 하다. 지금은 소규모의 어린이 공원이 되었으며 또한 노인들이 몸을 풀고 이야기를 나누며 체스를 두는 장소로 사랑받고 있다.

🟣onlyinsanfrancisco.com

Hallidie Plaza에서 에스컬레이터를 타고 내려가면 「i」자 네온사인의 표지가 선명하게 보이는 곳이 바로 인포메이션 센터(Visitor Information Center)이다. 내부에는 호텔, 관광 명소, 교통 정보 등이 상세하게 설명된 브로셔가 진열되어 있다. 시내지도를 무료로 얻을 수도 있고 안내데스크의 직원은 질문에 친절하게 대답해준다.

인포메이션 센터가 있는 곳은 샌프란시스코 교통의 요충지이다. 지상은 케이블카의 종착역이자 Market St.의 전차와 버스가 밀집하여 오고간다. 또 지하에는 BART 지하철역이 있어서 막 샌프란시스코에 도착한 여행객들이 반드시 방문해야 할 곳이기도 하다.

명소

차이나 타운
China Town

 P17C3

19세기 말, 중국 이주민들은 태평양 철도를 세우고 금을 캐기 위해 캘리포니아주에 와서 현지의 경제 발전에 큰 공헌을 했지만, 이탈리아계 이주민, 흑인, 가난한 백인, 선원과 함께 정부에 의해 이등국민으로 취급당해 특정 지역에서만 살도록 제한되었다. 그래서 결국 이주민들은 Grant Ave.를 중심으로 모여 살게 되었고 지금의 차이나 타운(China Town)으로 발전하였다. 이곳은 아시아를 제외하고, 세계에서 가장 큰 화교 사회를 이루고 있다.

차이나 타운에는 약 16개의 골목이 있고 10만여 명의 화교가 거주하고 있다. 길 양쪽에는 선물가게, 음식점, 상점이 있고 중국풍의 가로등과 중국어 간판이 곳곳에 있어 마치 중국에 온 것 같은 착각을 불러일으킨다.

전쟁 기념 오페라 하우스
War Memorial Opera House

 P16A4

 301 Van Ness Ave.

 1-415-861-4008,
  1-415-865-3300

2차 대전 이후 일본의 요시다 시게루 수상은 이곳에서 샌프란시스코 강화 조약을 체결했다. 이것을 기념하기 위해 세워진 전쟁 기념 오페라 하우스(War Memorial Opera House)는 3천여 명의 관중을 수용할 수 있으며 샌프란시스코 오페라단과 발레단의 고정 공연 장

시청

City Hall

- P16A4
- 5,19,21,42,47,49번 버스나 J, K, L, M노선의 MUNI 승차.
- 400 Van Ness Ave
- 1-415-554-4000
- 8:00~16:00, 토~일요일 12:00~16:00

시청(City Hall)은 샌프란시스코의 행정의 중심이다. 1915년에 세워진 장엄한 돔형 건축물로 로마 바티칸의 성 피터 대성당을 본땄으며, 미국에서 가장 아름다운 공공 건축물 중 하나로 인정받고 있다. 프랑스 르네상스 스타일의 금색 돔은 유명

건축가 Arthur Brown과 John Bidwell의 걸작이다.

루이스 데이비스 교향악홀

Louise M. Davies Symphony Hall

- P16A4
- 5,19,21,42,47,49번 버스나 J, K, L, M노선의 MUNI 승차.

- 201 Van Ness Ave.
- 1-415-864-6000
- www.sfsymphony.org

루이스 데이비드 교향악홀(Louis M. Davies Symphony Hall)은 1980년에 정식으로 개장하였다. 대량의 유리를 사용한 현대식 설계로 건설 비용만 해도 2,800만 달러가 넘는다. 샌프란시스코 교향악단의 공연 장소로 매년 10월에서 다음해 5월까지 정기적으로 연주회가 열리며 세계적으로 유명한 음악가들을 초청하기도 한다. Yo-Yo Ma와 유명 바이올리니스트 Itzhak Perlman 등이 이곳에서 공연을 했었다.

소이기도 하다. 1933년에 조직된 발레단은 미국에서 최초로 『백조의 호수』, 『호두까기 인형』 등 여러 유명한 발레 오페라를 공연했었다. 매년 12월에는 한 달 동안 크리스마스를 축하 공연을 한다.

샌프란시스코 현대 미술관
San Francisco Museum of Modern Art

🅰 P17C4
🏠 151 3rd St.(Mission St.와 Howard St. 사이) San Francisco, CA94103
☎ 1-415-357-4000
🕐 11:00~17:45, 목요일 11:00~20:45
🈺 수요일 휴관
💲 성인 12달러 50센트, 62세 이상 8달러, 12세 이하 무료, 목요일 18:00~21:00는 50% 할인, 매달 첫째 주 화요일은 무료 관람.
🌐 www.sfmoma.org
❗ 무료 갤러리 투어(Free Gallery Tours) : 하루 네 차례, 시간은 11:30, 12:30, 13:30, 14:30이며 목요일은 18:15, 19:15이다. Haas Atrium에서 집합.

1935년에 지어져 원래 시청의 퇴역군인 빌딩(Veterans Building)에 있었다. 미국 서부 해안에서 현대 미술품을 소장하고 있는 첫 번째 박물관으로, 1995년에 스위스의 유명 건축가 Mario Botta가 설계한 소마 지역의 현대식 건물로 옮겨왔다.

새 미술관 건물은 시에서 6천만 달러를 투자해 심혈을 기울인 결정체이다. 38미터의 원기둥 모양의 얼룩무늬 창문을 통해 옥상에서 바닥까지 직접 내리쬐는 햇볕이 인상적이다. 창의적인 외관은 이곳의 특별한 예술 정신을 드러내며 전 세계 사진작가들이 추구하는 목표가 되었다.

성 패트릭 대성당
Saint Patrick Cathedral

🅰 P17C4
🏠 Mission Street, 예르바 부에나 가든 옆에 위치

예르바 부에나 가든 옆의 성 패트릭 대성당(Saint Patrick Cathedral)은 벽돌로 지어진 우아한 외관으로 사람들을 매료시킨다. 매주 수요일 낮 12시 반에 정기적으로 유명인을 초청하여 클래식 음악을 연주한다.

예르바 부에나 가든
Yerba Buena Garden

🅰 P17C4
🏠 701 Mission Street
☎ 1-415-978-2787
🕐 화~일요일 11:00~18:00
🌐 www. yerbabuenaarts.org

예르바 부에나 가든(Yerba Buena Garden)은 샌프란시스코 현대 미술관의 맞은 편에 위치한다. 가든 안에는 분수대, 폭포, 화초, 실외 조각상과 벤치가 있어 시민들과 관광객들에게 편안한 휴식 공간을 제공한다.

공원 왼쪽에는 사각형의 현대 건축물인 예르바 부에나 미술센터가 있는데 화랑, 극장 등을 포함하는 인기 최고의 예술 활동 장소이다.

예르바 부에나 가든은 약 4,400만 달러를 들여 지어졌다. 가든 옆에 있는 Moscone 센터는 다운타운에서 으뜸가는 회의·전람센터이다.

내부에는 야수파 프랑스 화가 Henri Matisse, 팝아트 화가 Andy Warhol, 멕시코 화가 Frida Kahlo, Richard Diebenkorn 등 20세기 서양미술가들의 작품이 전시되고 있다.

소니 메트레온
Sony Metreon

P17C4

101 4th St., San Francisco, CA94103

1-415-369-6000

www.metreon.com

일본 기업 소니가 지은 소니 메트레온(Sony Metreon)은 영화, 쇼핑, 음식점을 비롯하여 I-MAX 영화관 등을 즐길 수 있어 젊은이들이 열광하는 놀이문화 공간이다.

재팬 타운
Japan Town

- P15D4
- 2, 3, 4번 버스 이용
- Geary, Fillmore, Post와 Laguna St. 사이에 위치.
- 1-415-922-6776

  샌프란시스코의 재팬 타운(Japan Town)은 면적이 그리 넓지 않아 약 2만 평방미터 면적에 12,000명의 주민이 거주하고 있다. 1860년경에 일본인들은 샌프란시스코에 첫발을 내디뎠고, 1906년 대지진 이후 그들은 Laguna, Fillmore, Geary, Post의 네 대로가 둘러싼 구역에 모여 살기 시작하여 지금의 재팬 타운을 이루었다.

  재팬 타운에 있는 세 개의 쇼핑센터는 1968년 일본계 주민들이 샌프란시스코 시와 공동으로 투자해

캘리포니아 과학 아카데미
California Academy of Sciences

- P17C4
- 지하철 F, J, K, L, M, N 등의 노선을 타고 Powell역에서 하차
- 875 Howard St.
- 1-415-379-8000
- 10:00~17:00

골든 게이트 브리지
Golden Gate Bridge

- P14B1
- 28, 29호 버스를 타면 골든 게이트 브리지의 시작부분에 도착.
- 도시 서북쪽의 Golden Gate National Recreation 내 위치.

  골든 게이트 브리지(Golden Gate Bridge)의 축조 과정 중에는 어려움이 상당히 많았다. 정부 측과 민간이 대립하는 와중에 Joseph Strauss가 설계를 시작하여 1933년 2월에 정식으로 공사에 착수하였다. 매서운 바람과 거센 파도 등을 거치며 1935년 6월, 강철로 만든 다리는 드디어 완공되었다.

  다리 끝에 있는 주 케이블의 직경은 약 13만 킬로미터에 달하는 와이어로 이루어져 있다. 주 케이블은 다리의 몸체를 매달고 있는 케이블을 지탱하는 역할을 한다. 각 교각은 샌프란시스코항의 거센 바람과 지진에 버티기 위해서 6,300

만 파운드의 장력을 견딜 수 있도록 설계되었다.

  1937년 5월 27일, 'International Orange' 라고 쓰여진 골든 게이트 브리지가 정식으로 개통되었다. 전체 길이는 1,280미터이며 샌프란시스코 반도 북단의 샌프란시스코시

세운 것이다. 30미터 높이의 5층탑 The Peace Pagaoda는 일본과 미국 간의 두터운 우정을 상징한다.

타운 내에는 벚꽃나무가 심어져 있다. 매년 4월 벚꽃이 만개하면 벚꽃 축제가 열리는데 일본 태고 공연과 시끌벅적한 거리 노점상들로 샌프란시스코에 활력을 더해준다.

명소

💲 성인 7달러, 65세 이상과 12~17세 4달러 50센트, 4~11세 2달러, 3세 이하 무료

🔗 www.calacademy.org

캘리포니아 과학 아카데미(California Academy of Sciences)는 1853년에 설립된 미국 서부 해안에서 가장 오래된 과학원이다. 아카데미에는 아프리카 펭귄 나라, 별자리의 이동경로를 시뮬레이션으로 보여주는 천문관, 1,400여 종의 해양생물을 수용하는 수족관, 캘리포니아주의 지리 경관과 야생 동물을 재현한 야생의 캘리포니아관 등이 마련되어 있어 생동적이고 활기찬 방식으로 자연의 거대한 힘을 깨달을 수 있다.

와 마린 카운티를 연결한다. 사람, 차, 자전거가 모두 통행할 수 있으며 매년 4,200만 대에 달하는 차량이 다리 위를 지난다. 간결한 윤곽과 빛나는 색채, 곧은 다리의 몸체는 골든 게이트 브리지를 샌프란시스코의 상징으로 만들었다. 다리의 남쪽에는 골든 게이트 관광객 안내 센터가 있는데, 다리의 케이블 와이어의 절단면 모형과 함께 건축가 스트라우스의 조각상도 볼 수 있다. 다리 옆의 기념품점에서는 골든 게이트 브리지와 관련된 기념품을 판매한다.

예술의 궁전
Palace of Fine Arts

P15C2

3rd. Street와 Market St. 의 교차지점에서 30번 버스를 타고 북쪽으로 이동, 마지막 정거장인 Broderick/Beach에서 하차.

3301 Lyon St.

예술의 궁전(Palace of Fine Arts) 은 1915년에 「파나마 태평양 국제 박람회」를 위해 지어진 것이다. 당시 188만 명의 관람객을 불러 모았고 박람회 이후 폐쇄되었다가, 1962년에 이르러서야 유명 독일계 건축가 Bernard Maybeck에 의해 새로 정비되었다. 세부 인테리어의 전문가였던 그는 예술의 궁전의 세세한 부분에도 심혈을 기울였기 때문에 관광객들은 지금까지도 궁전의 아름다운 모습을 감상할 수 있는 것에 대해 고마움을 느껴야 할 것이다.

로마식 돔 지붕은 장밋빛 코린트식 돌기둥과 잘 어울린다. 돔의 위에는 세밀한 부조가 되어있고, 돔의 뒤에는 여러 갈래의 돌기둥 복

과학탐험관
Exploratorium

P15C2

28번 버스를 이용

3601 Lyon St. San Francisco, CA94123

1-415-561-0360

월요일, 추수감사절, 크리스마스 이브, 크리스마스

화~일요일 10:00~17:00

성인 14달러, 65세 이상과

도가 있다. 우아한 돌과 아름다운 부조, 기둥복도와 호수에 비친 그림자가 낭만적인 분위기를 조성해 이곳은 사람들에게 인기가 많은 관광지가 되었다.
 앞쪽의 인공호수에는 깨끗하고 푸른 물결이 넘실거리며, 하얀 백조, 삼삼오오 모인 원앙, 물오리, 거위 등이 유유히 물 위를 노닌다. 노래 연습을 하는 사람들의 모습이나 창작에 온 정신을 기울이고 있는 예술가, 그리고 신혼부부들의 다정한 모습도 볼 수 있다.

13~17세 11달러, 4~12세 9달러, 3세 이하 무료
www.exploratorium.edu
 예술의 궁전 옆에는 과학탐험관 (Exploratorium)이 있다. 이곳의 창시자는 「원자탄의 아버지」인 로버트 오펜하이머의 형 프랭크 오펜하이머(Frank Oppenheimer)이다. 30여년의 역사를 가지고 있으며 「Science American」이라는 잡지에서 미국 최고의 과학박물관으로 뽑힌 바 있다. 남험관에는 직접 조작해 볼 수 있는 전시품 600여종이 있다. 「변형의 집」(Distorted Room)에서는 왼쪽에 서있는 사람이 오른쪽의 사람보다 3배 더 커 보이는 것을 볼 수 있다. 또한 자신의 얼굴을 화면에 스캔한 후 버튼을 조작하여 가상 성형수술을 해볼 수 있는 코너도 있어 관람객들의 호기심을 자극한다.

골든 게이트 파크
Golden Gate Park

P14A4.B4

44번 버스가 공원 내의 De young 박물관을 지난다. 28, 29, 43, 76번 버스도 공원의 둘레를 지난다

53개의 도로에 걸쳐져 있고, 약 410만m² 넓이의 미국에서 제일 광활한 공원으로, 태평양 해안에서 샌프란시스코 다운타운까지 이어진다. 골든 게이트 파크(Golden Gate Park)는 1871년 시공되기 전에는 그저 황야였다. 책임자 William Hall과 유명한 원예가 Maclaren은 이 황무지를 샌프란시스코의 초록지대로 바꾸었다. 뉴욕의 센트럴 파크와 함께 골든 게이트 파크는 미국을 대표하는 양대 녹지가 되었고, 1894년 국제박람회가 바로 여기서 개최되었다.

골든 게이트 파크는 10여 개의 작은 공원으로 구성되어 있다. 아름다운 화원과 연못으로 유명하며, 각 지역을 잇는 오솔길이 풀숲을 따라 사이사이에 나있다. 공원 내에는 꽃과 나무와 정원의 경관 이외에도 De young 미술관, 아시아 예술 박물관, 셰익스피어 화원, 일본 정원, 온실 화원, 스토우 호수 그리고 골프장 등의 시설이 있다.

온실 화원
Conservatory of flowers

순백색의 이 유리 건물은 1879년에 지어졌다. 온실 내에는 각종 화초가 자라고 있으며 그 옆에는 각종 꽃들이 심어져 있는 꽃밭이 있다.

일본 정원
Japanese Tea Garden

일본 정원(Japanese Tea Garden)은 1894년 국제 박람회에서 전시된 일본 마을의 모습을 기초로, 오스트레일리아인 George Turner Marsh의 손을 거쳐 재건되었고, 여기에 일본의 원예가 마코타 하기와라가 손질을 더하여 탄생하게 되었다. 정원 내에는 벚꽃과 진달래꽃이 심어져 있으며 잉어 연못, 오층탑, 무지개 다리, 석가모니여래불상 등을 볼 수 있다. 초가집 위의 일본 다실에는 일본 전통의 아름다움이 가득하며 이곳에선 일본 녹차를 맛볼 수도 있다.

스토우 호수 Stow Lake

공원 내에는 7개의 인공호수가 있는데 그중 면적이 제일 큰 것이 스토우 호수(Stow Lake)이다. 호수에 물이 차오르자 Strawberry 산으로 가는 작은 길이 침몰되었는데, 그것이 지금 볼 수 있는 작은 섬이

되었다. 후에 이곳에는 두 개의 돌 다리를 세워 여행객들이 다시금 Strawberry산에 오를 수 있도록 만들었다. 섬 위에 있는 중국식 정자인 「관월정」은 타이베이 시청에서 기증한 것으로 이미 20년 전에 철거되어 이곳으로 운반되었는데, 이는 두 도시의 우정을 위해 남긴 상징물이다.

네덜란드 풍차 Dutch Windmill

네덜란드 풍차(Dutch Windmill)를 설치한 이유는 공원의 물 사용 문제를 해결하기 위해서였다. 황무지 위에 세워진 골든 게이트 파크는 줄곧 물 부족으로 걱정이 많았다. 초대 감독이었던 Hall은 수돗물을 관개하여 어려움을 덜었고, 장기적인 계획을 위해 1903년에는 풍차를 건설하고 강력한 바닷바람을 이용하여 지하수를 끌어올렸다. 후에 모터를 설치하게 되면서 풍차는 단지 감상용이 되어버렸다.

트윈 픽스
Twin Peaks

🔵 P15C5

🌐 MUNI Metro K, L, M노선을 타고 Forest Hill에서 하차, 52번 버스를 타고 남쪽으로 가서 Portola/Mcateer High에서 하차한 후 산위로 올라가면 된다.

카스트로 동남쪽 산마루 위의 트윈 픽스(Twin Peaks)는 원래는 한 쌍의 부부였는데, 매일 쉬지 않고 우는 것에 진노한 신이 둘을 두 개의 봉우리로 갈라놓았다는 전설이 있다. 해발 300미터에 조금 못 미치지만 주변에 높은 건물이 없어서 산등성이의 전망대에서 아래를 내려다보면 오렌지 빛의 골든 게이트 브리지와 시내의 트랜스 아메리카 피라미드, 심지어는 알카트라즈 섬의 경치가 한눈에 들어온다. 석양이 질 때에는 주황색으로 물든 하늘과 거대한 도시의 아름다운 경관이 발 아래에 펼쳐져서, 석양을 감상하기 가장 좋은 곳이다.

히피 거리
Haight-Ashbury

🔵 P15C4

🚌 6, 7, 33, 37, 43, 66, 71번 버스를 이용

🏠 골든 게이트 파크와 Buena

Vista Park 사이, Haight St.와 Ashbury St.

샌프란시스코의 히피열풍은 Allen Ginsberg, Jack Kerouac, Neal Cassady 등 「Beat」라고 불리는 젊은이들에게서 유래한다. 그들은 강경한 제도규범에 반대하는 기치를 내세우며 재즈음악, 추상미술, 시가 등을 빌어 보수적인 사회에 내해 반항의 목소리를 내었다.

60년대에 들어서서 이러한 반항의 목소리는 점점 더 커졌다. 1967년 1월 골든 게이트 파크에서 열린 「Human Be-in」파티에서는 수십만 명의 히피들이 한자리에 모여 사랑과 평화를 제창하였고, 마약을 찬양하여 이후 히피족이 거주하는 Haight St.와 Ashbury St.는 마약과 폭력의 나락으로 빠져들어 헤어나오지 못하였다.

40년이 지난 지금은 히피 열풍은 잠잠해졌지만 Haight St.와 Ashbury St.에는 여전히 반항적인 색채가 남아있다. 상점들마다 외부에는 색색깔의 특이한 그림이 가득 그려져 있으며 인도풍 액세서리, 비즈 액세서리, 담뱃대, 음반, 서적 등을 판매하고 있다. 중고 의류가게 안에는 기이한 옷과 수제 염색 티셔츠, 가죽옷, 가죽바지가 주류를 이룬다.

매년 6월에 열리는 Haight Ashbury 거리 축제에서는 독특하고 개방적인 히피족들이 이곳에서 함께 즐기며 각종 공연을 벌인다.

카스트로

The Castro

🛉 P15C5

🔵 24, 33, 35, 37번 버스를 타거나 F, K, L, M노선의 MUNI를 이용.

카스트로(The Castro)는 세계적으로 유명한 동성애자들의 거주지이다. 원래 생계가 곤란한 블루컬러 계층이 살던 지역이었는데, 1970년대에 블루컬러 계층이 다른 살길을 찾기 위해 교외로 이주하면서 히피족 중 「Flower Power」파의 동성애자들이 이주해 들어왔다. 이후 낡은 빅토리아풍 집들은 새 이주민들의 보수를 거쳐 무지개 빛깔의 집들로 변신했다. 20th St.에 가면 당시 보수의 결과물들을 볼 수 있다.

만약 여유롭게 동성애자들을 관찰하고 싶다면 바에 가서 술을 한잔 마시는 것도 괜찮다. 18th St.의 교차지점에 위치한 Harvey's는 이 거리에서 가장 유명한 술집이다. 새로운 세계를 경험하고 싶다면 당당하게 문을 열고 들어가 보자. 젊은 세대의 동성애자들은 Market St.에 있는 Cafe Flore에 모이는 것을 좋아한다.

동성애자들을 인정하든 하지 않든, Market St.부터 19th St. 사이의 카스트로는 어떤 것도 대신할 수 없는 지역이 되었다. 기복이 심한 험한 비탈길, 사방에 휘날리는 무지개 색깔의 깃발, 정렬된 빅토리아풍 주택들은 샌프란시스코에서 가장 매력적인 장소이자 전 세계 동성애자들의 성지이다.

카스트로 극장

Castro Theatre

🛉 P15C5

🏠 429 Castro St.

☎ 1-415-621-6120

우아한 외관의 이 하얀 스페인풍 건축물은 내부의 호화로운 천장과 파이프 오르간으로 유명하다. 이곳은 1920년 이래로 동성애자들의 극진한 사랑을 받아왔다. 극장이 비록 낡기는 했지만 여전히 정상적으로 영업을 하며 동성애 영화 신작들을 상영하고, 매년 6월에는 동성애자 영화제를 개최한다.

돌로레스 교회
Mission Dolores

 P15D5

 BART를 타고 16th St.나 24th St.에서 하차하거나 MUNI Bus 9, 12, 22, 33, 67번을 이용.

 3321 16th St. 16th St. 와 Dolores St. 사이에 위치.

 1-415-621-8203

 9:00~16:00

 예배당 투어 가이드 성인 5달러, 아동 3달러

 www.missiondolores.org

돌로레스 교회(Mission Dolores)가 있는 지역은 스페인 이주민들의 터전으로, 이곳을 걷다보면 많은 사람들이 스페인어로 이야기를 나누는 것을 볼 수 있다. 건축물의 벽에는 벽화가 그려져 있어 천천히 거닐며 감상할 수 있다. 돌로레스 교회는 1776년에 지어졌다. 미백색의 건축물 위에 금색 십자가가 매우 아름답게 반짝이며, 붉은색과 초록색의 기와가 어우러진 지붕은 매우 우아하게 보인다. 건물 내부에서는 교회와 관련된 엽서와 서적을 판매하고 있다.

쇼핑

피어 39
Pier 39

P17C2

노면전차 F노선을 타거나 15,
39, 42번 버스 탑승, 혹은
파웰 메이슨 노선을 이용하
여 Pier39에서 하차

The Embarcadero San
Francisco, CA94133

1-415-981-7437

10:30∼20:30,
일부 음식점은 23:00까지 영업

www.pier39.com

피어 39(Pier 39)는 피셔맨스 워
프에서 가장 번화한 쇼핑센터이다.
알카트라즈 섬, 골든 게이트 브리
지, 코이트 타워 등이 멀리 보인다.
이층 건물의 쇼핑몰에서는 과일,
아이스크림, 솜사탕, 프레즐 과자를
판매하며, 회전목마와 사람들의 비
명을 자아내는 Frequent Flyer가
있다. 이밖에 바다 경치가 내려다
보이는 레스토랑과 110여 개의 개
성적인 매장들이 손님의 발길을 기
다린다.

케이블카 스토어
The Cable Car Store

모양과 크기가 다양한 케이블카
모형을 판매한다. 오르골 상자 형
태로 만든 것도 있다.

빅토리아 숍 Victorian Shop

이곳에서는 십자수 도안, 인쇄물,
문구, 모형 등을 판매하고 있다. 빅
토리아풍 가옥의 그림이 그려져 있
거나 빅토리아풍 가옥을 본뜬 형태
로 매우 정교하고 귀엽다.

기라델리 초콜릿 전문점
Ghiradelli Chocolate

가게 안에는 초콜릿이 가득 쌓여 있다. 초콜릿으로 만든 골든 게이트 브리지 모형도 볼 수 있다.

NFL 숍 NFL Shop

럭비, 야구, 농구팀 등 프로 스포츠 선수들의 유니폼, 티셔츠, 모자 등을 판매하고 있어 스포츠팬들이 매우 좋아할 만한 곳이다.

기라델리 스퀘어
Ghiradelli Square

 P16A2

 900 North Point St., Beach and Larkin St.의 길목에 위치.

 1-415-775-5500

 월~목요일, 일요일 10:00~18:00, 금~토요일 10:00~21:00

 www.ghirardelli.com

 1864년에 이곳은 「Woolen Mill」이라고 불렸다. 1852년 이탈리아 이민자였던 Domingo Ghiradelli가 만든 이탈리아식 초콜릿이 큰 인기를 끌자 1895년에 이 빌딩을 사들여 공장으로 만들었다. 1964년에는 공장을 개조해서 탄생한 미국 최초의 노천쇼핑센터가 되어 기라델리 스퀘어(Ghiradelli Square)라고 이름이 바뀌게 되었다.

 이곳은 쇼핑객들뿐 아니라 페루의 팬플룻, 탬버린, 영국의 아코디언 등을 연주하러 온 거리의 예술가들 또한 끊이지 않는다.

 1965년에는 정부가 공인하는 샌프란시스코의 상징이 되었다. 계단을 올라가면 하얀색의 구조물 위에 「Ghiradelli Square」라고 쓰여 있는 것을 볼 수 있다. 홀에는 인어 분수가 있으며 복도를 따라 양 쪽에는 50여 개의 특색 있는 음식점들과 수공예품을 판매하는 상점들이 늘어서 있으니 한번 들러보자.

유리 조각품 Glass Creations

 분수 광장(Fountains Plaza)에서 판매하는 유리 조각품은 그 종류가 매우 다양하다. 그중 전등 장식과 수공예품은 사람들에게 인기 만점이다.

애견용품 숍
Deastro by the Day

 애견과 관련된 각종 상품을 판매한다. 수공예품, 자기 그릇, 일상용품에서부터 문구까지 모두 있다.

기라델리 초콜릿 소다 공장
Ghiradelli Soda & Chocolate Shop

 쇼핑센터와 이름이 같은 이곳에서는 직접 만든 뜨거운 초콜릿이나 소다 등을 판매한다. 가장 인기가 많은 것은 바로 초콜릿 디저트로, 10여 가지 맛의 썬데가 있다. 바닐라 아이스크림에 초콜릿 시럽, 생크림, 아몬드, 체리 등으로 맛을 내는 초대형 썬데에는 아이스크림이 8스쿱이나 들어간다. 아이스크림 가게 옆에는 초콜릿 가게가 있어 다양한 모양의 선물용 초콜릿 세트를 판매한다.

캐너리 쇼핑 센터
The Cannery at Del Monte Square

- P16B2
- 2801 Leavenworth St.와 Beach St.의 교차지점에 위치.
- 1-415-771-3112
- 10:00~18:00, 일요일 11:00~18:00
- 크리스마스, 추수감사절
- www.thecannery.com

1970년에 지어진 3층 높이의 붉은 벽돌 건물로 예전에는 델몬트 복숭아 통조림 공장이었다. 당시에는 매일 20만개의 통조림을 생산하는 전 세계에서 가장 큰 과일 통조림 공장이었다고 한다. 아름다운 외관 때문에 1960년대 샌프란시스코의 옛 건물 철거 운동 때 무사할 수 있었고, 근처의 기라델리 스퀘어의 개조가 성공적이자, 통조림 공장도 캐너리 쇼핑센터(The Cannery at Del Monte Square)로 개조되었다.

현재 이곳에는 약 35개의 상점, 음식점, 술집이 들어서 있으며 각 층에는 빙 둘러있는 복도와 넓은 테라스가 있다. 하늘다리가 남측동과 북측동을 잇고 있으며 홀에는 백년 묵은 올리브 나무가 있다. 많은 예술가나 가수들이 이곳에서 공연을 하기도 한다.

실크 & 컬러스 Silk & Colors

북측동 2층에 있는 실크 & 컬러스(Silk & Colors)에서는 중국의 실크 의류를 전문적으로 판매한다.

베이직 브라운 베어 팩토리
Basic Brown Bear Factory

남측동 2층에 있으며 홀에 안내 표지가 있다. 미국 최초의 테디 베어 공장으로 고객들이 가게 안에서 직접 테디 베어를 꾸며볼 수 있다.

투 허브 위드 러브
To Herb With Love

남측동 2층에는 각종 허브 제품을 전문적으로 판매한다. 비누, 에센스, 오일, 목욕소금 등이 있다.

바부슈카 Babushka

러시아 인형 전문점으로, 인형의 종류가 매우 다양하여 모스크바 스타일도 있고, 우크라이나 전통 인형도 있다. 완전히 수작업으로 만들어져 정교하다. 가격은 35~100달러로, 크기와 섬세한 정도에 따라 결정된다.

시티 라이트 서점
City Lights Bookstore

P17C3
261 Columbus Ave., San Francisco, CA94133
1-415-362-8193
www.citylights.com

북쪽 해안은 1950년대의 「Beat」 운동의 발원지로 유명하다. 그 당시 Allen Ginsberg, Jack Ker-

엠바카데로 센터
Embarcadero Center

P17C3
MUNI F, J, K, L, M, N,S 노선을 이용
Sacramento St., Battery St., Front St., Davis St., Drumm St.
1-415-397-1700
월~금요일 10:00~19:00,
토요일 10:00~18:00,
일요일 12:00~17:00
www.embarcaderocenter.com

금융지구의 5개의 건물로 이루어진 엠바카데로 센터(Embarcadero Center)에는 100개가 넘는 사무실, 상점, 레스토랑, 영화관, 명품 브랜드 숍 등이 입점해있다. 건물 사이는 연결통로로 이어져 있어 편히

네이먼 마커스 백화점
Neiman Marcus

P16B4
150 Stockton St.
1-415-362-3900
10:00~19:00,
일요일 12:00~18:00

이곳의 제품은 화려하고 아름답기로 유명하다. 내부 인테리어 또한 눈부시고, 천장에는 컬러 유리로 파리 시의 옛 모습을 표현해놓아 샌프란시스코의 관광 명소 중 하나이다. 이곳에서는 보석이 박힌 가죽가방, 명품 의류, 밍크코트 등 고

메이시스 백화점
Macy's

P16B4
Stockton & O'Farrell St.
1-415-397-3333
월~금요일 10:00~19:00,
토요일 10:00~18:00,
일요일 12:00~17:00
www.macys.com

메이시스 백화점(Macy's)은 미국에서 가장 큰 백화점 업체이다. 샌프란시스코 분점은 유니언 스퀘어에 있으며 취급하는 제품은 의류, 보석에서 주방용품까지 종류가 매우 다양하다. 명품 의류로는 Versace, St.John, Liz Claiborne 등이 있고 중국계 디자이너 Anna Sui의 작품도 포함되어 있다. 이곳은 유니언 스퀘어에 있는 여러 백화점들 중에서 직장인들이 가장 많이 애용하는 곳이다.

ousac, Neal Cassady 등 뉴욕에서 전입한 사람들은 매일 창작, 음악연주, 동방의 종교를 선양하고 자유연애, 사상의 자유 그리고 마약 복용을 주장하였는데, 당시의 북쪽 해안에 자신들의 급진적이고 퇴폐한 사상을 불어넣었다.

이 사상에 영향을 받은 Lawrence Ferlinghetti는 1953년에 시티 라이트 서점(City Lights Bookstore)을 오픈하였다. 이곳은 미국 최초의 진보적인 사상과 음악을 다룬 작품들을 판매하는 서점이다.

2층은 「Beat」작가의 전용코너로 케루악이 지은 명저 「On the Road」도 볼 수 있다. 서점 옆의 골목 입구에는 벽화가 가득 그려져 있어 관광객들이 멈춰서서 구경하고 있는 모습을 종종 볼 수 있다.

이동할 수 있다.

부두 가까이에는 헤르만 광장(Justin Herman Plaza)이 있다. 주말이나 공휴일이면 거리의 예술가들이 이곳에서 공연을 한다. 한쪽의 Vaillancourt 분수는 특이한 스타일로 인상 깊으며, 거대한 시멘트 덩어리 모양의 구조물로부터 쏟아지는 물줄기가 연못으로 흘러들어가 시원스러운 느낌을 준다.

가의 제품들이 판매되고 있다. 푸드 코트에서는 영국에서 수입한 성탄절 과일 케이크, 러시아의 캐비어 소스, 프랑스의 최고급 샴페인 등 고급 음식을 맛볼 수 있다.

삭스 백화점
SAKS Fifth Avenue

P16B4
384 Post Street, Powell Street와 교차점
1-415-986-4300
월~토요일 10:00~10:00,
목요일 10:00~20:00,
일요일 11:00~18:00
www.saksfifthavenue.com

이곳 제품의 가격대는 Macy's와 Neiman Marcus의 중간 정도이다. 우아함과 자연스러움을 강조하고 주로 의류와 보석류 등을 판매한다.

앵커리지 쇼핑 센터
The Anchorage Shopping Center

P16B2

2800 Leavenworth St., Jefferson St.와 Beach St. 사이에 위치.

1-415-775-6000

www.anchoratthewharf. com

Leavenworth, Jefferson, Beach 그리고 Jones Street가 둘러싸고 있는 곳에 위치한다. 서점, 수공예품점, 옷가게, 음식점 등 35개 이상의 점포가 입점해 있으며, 쇼핑센터 옆에는 현대적 감각이 돋보이는 분수대가 있다. 노천 광장에서는 거리의 예술가들을 자주 볼 수 있다.

리바이스
The Levi' s Store

P16B4

300 Post St. San Francisco, CA94108

1-415-501-0100

월~토요일 10:00~20:00, 일요일 11:00~18:00

www.levi.com

 유니언 스퀘어 옆에 위치한 4층짜리 건물은 바로 리바이스(The Levi's Store) 본점이다. 약 2,200 평방미터의 점포 내에는 여러 스타일의 청바지가 진열되어 있다. 남녀노소 모두 잘 어울리는 디자인이 구비되어 있어 청바지 마니아들의 쇼핑천국이다.

노스 페이스 아울렛
The North Face Factory Outlet

- BART를 타고 North Berke ly역에서 내려 다시 택시를 이용
- 1238 5th St.
- 1-510-526-3530
- 월~일요일 9:00~19:00

　1966년 샌프란시스코의 북부 해안가에 「The North Face」라는 레저용품점이 오픈하여 암벽등반과 등산 장비를 전문적으로 판매하였는데, 후에 세계적인 브랜드가 되었다. 아울렛의 상품은 이월상품이나 창고방출 상품이지만 사이즈가 다양하며 품질에도 이상이 없다. 20~50%까지 특가로 판매하며, 경매 기간에는 더욱 더 저렴하다.

중고 음반 가게
Recycled Records

- P15C5
- 1377 Haight St.
- 1-415-626-4075
- 10:00~20:00

　자원 재활용과 환경보호 의식이 점차 높아지면서 중고 음반 가게(Recycled Records)도 현대인의 사랑을 받게 되었다. 매장 안에는 음반, CD, DVD 등이 가지런히 진열되어 있으며 벽은 음반 자켓으로 장식되어 있다. 이곳은 중고 음반을 판매하기도 하고 사들이기도 하면서 점차 음반 교류의 중심이 되었다.

파지티블리 하이트 스트리트
Positively Haight Street

- P14B5
- 1400 Haight St.
- 1-415-252-8747
- 월~토요일 10:00~20:00, 일요일 11:00~10:00

　개성있는 이 매장은 기둥의 알록달록한 그림에서부터 쇼윈도의 상품 진열까지 창의적이고 기발하다. 매장 안에는 중고의류가 많이 진열되어 있으며 일부 가죽옷들은 많이 닳아 속이 보일 정도이다. 또한 히피풍의 액세서리와 티셔츠, 특수 염색한 라운드 티, 진주 목걸이, 포스터, 모자, 초, 염색천 등을 볼 수 있다.

더 러브 오브 가네샤
The Love of Ganesha

 P15C5

 1310 Haight St

 1-415-863-0999

 11:00~19:00

입구에는 코끼리신과 태극 도안이 걸려있으며 상점 안에는 박달나무 향이 은은하게 풍긴다.

 자수를 놓은 천이 천장에 걸려있고 불상, 수공예품, 액세서리, 쇼핑백 등의 제품이 진열되어 있어 가히 눈앞이 어지럽다는 말로 표현할 수 있는 이국적인 매장이다.

골든 게이트 포춘 쿠키
Golden Gate Fortune Cookies Co.

 P16B3

 56 Rose Alley, Rose Alley와 Jackson St.의 교차지에서 멀지 않은 곳

 1-415-781-3956

 9:00~20:30

 포춘쿠키 작은 포장 1달러, 큰 포장 3달러

 미국의 중국 음식점에서는 식사를 마치면 종업원이 포춘 쿠키를 식탁에 올린다. 쿠키 속에 들어있는 쪽지의 글귀는 의미가 깊다. 이러한 구상은 골든 게이트 포춘 쿠키 회사(Golden Gate Fortune Cookies Co.)에서 시작되었다고 알려져 있다. 이 회사는 1962년 8월 5일에 창립되었다. 매일 여기에서 포춘 쿠키를 만드는 과정을 볼 수 있는데 먼저 원형으로 구운 다음 아직 뜨거울 때 쪽지를 안에 넣고 오므리는 것이다. 관람객이 사진을 찍으려 한다면 무표정한 표정의 제빵 직원이 비용과 팁을 요구할 것이며 그것을 거절한다면 차가운 태도로 대할 것이다.

식당

보우딘 베이커리
Boudin Sourdough Bakery and Cafe at the Wharf

P16B2
160 Jefferson St.
9:00~17:00,
금~일요일 10:30~18:00
1-415-928-1849
www.boudinbakery.com

이곳의 새콤한 빵은 프랑스 이민자들로부터 전해진 것이다. 먼저 물과 밀가루를 효모와 혼합해서 온실에 놓고 발효시키면 원반 크기의 빵이 만들어지는데, 먹어보면 겉은 상당히 쫄깃하지만 속은 향기롭고 부드럽다. 특유의 새콤한 맛도 느껴진다.

보우딘 베이커리(Boudin Sourdough Bakery and Cafe at The Wharf)는 밀랍인형 박물관의 맞은편에 위치한다. 붉은색 지붕과 검은색 벽의 프랑스풍 건물로, 벽 위에는 눈에 띄는 표식과 「BOUDIN」 간판이 있다.

제빵사는 가게에서 직접 빵을 굽기 때문에 조리실 앞 유리창 옆에는 항상 구경하는 인파로 가득하다. 천장을 보면 특별히 설계된 레일을 볼 수 있는데, 신선한 빵이 레일을 통해 옆 가게로 보내져서 고객들이 마음껏 골라 구매할 수 있다.

베이커리 밖에는 노천 좌석이 설치되어 있어서 커피를 마시며 갓 구워져 나온 빵을 맛볼 수 있다. 2층은 「Bistro Boudin & Bar」로 해산물 요리와 음료를 제공한다.

부에나 비스타
Buena Vista

P16B2
2765 Hyde St.
1-415-474-5044
9:00~1:30,
토~일요일 8:00~01:30

1952년 미국 최초로 「아일랜드 커피」를 판매한 전통있는 유명 음식점이다. 특별히 제작한 컵 안에 많은 양의 아일랜드 위스키와 생크림, 그리고 커피를 넣는다. 향기가 그윽하고 맛이 진하며 마신 후에는 몸에 열이 나기 때문에 샌프란시스코와 같이 일년 내내 추운 해양성 기후에 적합하다.

해산물 노점상
Seafood Stand

🛫 P16B2

🏠 Jefferson St. 옆의 Alioto's 건물 부근의 길목.

부둣가에 모여있는 해산물 노점상 (Seafood Stand)에서는 오징어튀김, 새우튀김, 신선한 꽃게와 조개 스프 등을 판매하고 있다.

그중에서 Clam Chowder Bread Bowl의 맛은 일품이다. 빵의 윗부분을 잘라 가운데에 홈을 파고 여기에 조개크림스프를 넣은 것으로, 하나에 5달러 50센트이다.

와이프 아웃
Wipe Out Bar & Grill

🛫 P17C2

🏠 Pier 39

☎ 1-415-986-5966

피어 39 광장 입구의 왼쪽에 위치한 이 미국식 레스토랑은 캘리포니아의 윈드서핑과 해양의 풍경을 테마로 인테리어 되어 있다. 서핑보드, 스포츠 프로그램이 방영되는 TV, 그리고 벽에는 캘리포니아 윈드서핑 지점을 알려주는 팻말이 하나 있다. 화장실의 벽에는 각종 슬리퍼가 걸려 있고 세면대조차 파도 모양으로 디자인되어 독특하다. 부설 브랜드 매장에서는 티셔츠와 장신구 등을 판매하고 있다. 이곳의 메인메뉴는 다양하다. 타코 샐러드는 옥수수 전병을 조개 모양으로 만들고 여기에 생야채와 토마토 슬라이스, 치킨 슬라이스, 크림, 아보카도 소스와 양파 등을 넣은 것으

스팅킹 로즈
The Stinking Rose

🛫 P17C2

🏠 325 Columbus Ave.

☎ 1-415-781-7673

🕐 11:00~23:00

🌐 www.thestinkingrose.com

다른 유명한 먹거리는 Dunge-
ness Crab이다. 큰 철통 안의 물
이 끓기 시작하면 요리사는 신속히
살아 움직이는 대왕 꽃게를 끓는
물에 집어넣는다. 한참 후 건져내
어 집게로 딱딱한 껍질을 벗겨내고
게살을 꺼내 입에 넣으면 신선한
육즙이 입안에 가득 퍼진다.

로 맛이 좋고 건강에도 좋다. Fire-
cracker shrimp Cocktail은 위스
키잔에 다진 야채와 새우, 토마토
등을 넣어 맛을 낸 것이다.
Teriyaki Chicken Breast는 테리
야키 치킨을 길게 자르고 깨 소스
를 뿌린 것으로 흰밥이나 마요네즈
야채 샐러드와 어울리며 오이, 토
마토 등의 야채와도 궁합이 잘 맞
는다.

　세계적인 마늘의 도시인 길로이와
가깝기 때문에 이 레스토랑의 음식
에는 마늘이 많이 첨가되어 있다.
음식에 풍기는 짙은 마늘 향기 때
문에 『stinking(고약한 냄새가 코를
찌르는)』이라는 이름이 붙게 되었
다. 이곳에서 사용하는 마늘은 올
리브유와 로즈마리 등의 허브로 조
미하여 먹어보면 생각만큼 맵지만
은 않다.
　메인요리인 『40 Clove Garlic
Chicken Roast on the Bone』은
겉은 바삭하고 속은 부드럽게 구운
절인 마늘과 마늘즙을 뿌린 으깬
통감자가 함께 나오는 음식이다.

리틀 이탈리아
Little Italy

P17C2

Montgomery St. 서쪽

15, 30, 41, 45번 버스 이용.
파웰 메이슨 노선을 이용한
다면 Columbus Ave.에서
하차.

19세기 말 Montgomery St. 서쪽 의 북쪽 해안은 후에 평평하게 메
워져서 피자와 카푸치노 향이 가득
한 거리로 변신하였다. Columbus
Ave.를 중심으로 양쪽에는 이탈리
아 레스토랑, 카페, 식료품점 등이
있다.
이 지역에는 맛있고 저렴한 이탈
리아 레스토랑들이 즐비하다.
Columbus Ave. 500호에 위치한

써스티 베어 바
Thirsty Bear Brewing Company

P17C4

BART의 Montgomery역,
세 블럭 정도 거리

661 Howard St.

1-415-974-0905

월~목요일 11:30~22:00,
금~토요일 11:30~24:00,
일요일 5:00~22:00

www.thirstybear.com

서커스단으로 보내진 곰 한 마리
가 트럭에서 빠져나와 한 술집으로
도망쳐와서 고객 Victor Kozlov의
손을 물고 그의 맥주와 음식물 봉
지를 가져갔다. 이 우스운 이야기
가 바로 써스티 베어 바(Thirsty
Bear Brewing Company)의 유래

Cafe DeLucci에는 야외 테이블이 준비되어 있으며 실외의 오색 타일 장식이 매우 볼 만하다. 붉은색과 검은색을 위주로 조화된 Figaro Restaurant은 Columbus Ave. 414호에 위치하며 실외의 붉은 색 차일 아래 둥근 테이블이 놓여 있고 고급스러움으로 승부한다. 1501 Grant & Union에 위치한 Italian French Bakery는 1909년에 오픈하였다. 모든 제과류를 손으로 직접 정성스럽게 만들며 가게 안쪽 벽에는 알록달록한 색깔의 이탈리아 벽화가 그려져 있다.

이다. Thirsty Bear Brewing Company에서 판매하는 맥주 중 Kozlov Stout는 당시 Victor Kozlov의 손에 들려 있던 맥주와 매우 비슷하다고 한다. 매일 직접 만든 일곱 가지의 맥주와 두 가지 계절용 맥주는 맛이 매우 신선하여 술집의 메인이다. 또한 Full Bar 서비스가 있어 Malt Scotch Whisky, Spanish Brandies와 기타 와인, 술들을 제공한다. 이곳은 스페인 요리도 유명하니 꼭 먹어보도록 하자.

미성년자는 음주를 금합니다.

미지타 코치나 멕시카나
Mijita Cocina Mexicana

 P17C3
 No.44,One Ferry Building
 1-415-399-0814
 월~수요일 11:00~19:00,
 목~금요일 11:00~20:00,
 토요일 9:00~20:00,
 일요일 10:00~16:00

하우스 오브 난징
House of Nanking

 P17C3
 919 Keary St.
 1-415-421-1429
 11:00~22:00

　차이나 타운은 쇼핑의 천국이자 미식가들의 낙원이다. 외관상으로는 보잘 것 없는 이 중국 음식점은 식사시간만 되면 발 디딜 틈 없이 붐빈다. 요리의 비결은 조리 시 소스의 맛 조절에 있는데 그 깊은 맛은 수많은 미식가들을 끌어들이고 있다.

www.mijitasf.com

미지타 코치나 멕시카나(Mijita Cocina Mexicana)는 엠바카데로 센터 옆의 샌프란시스코 페리 빌딩 안에 위치한다. 멕시칸 전통 요리를 제공하는 이 식당은 식재료의 품질을 유지하기 위해 현지의 Niman 농장에서 생산된 채소와 과일을 사용한다. 음식이 신선하고 맛이 좋아 좋은 평을 받고 있다.

Taco de Carne Asada는 옥수수 전병 위에 작게 썬 소고기를 놓고 양파와 당근, 고추를 넣은 것이다. 특별히 제작된 살사소스에 찍어먹는 Taco de Prescado Baja는 우리들을 황홀한 맛의 향연에 빠뜨릴 것이다.

치즈 케이크 팩토리
The Cheesecake Factory

P16B4

Macy's Union Square 8층

1-415-391-4444

월~목요일 11:00~23:00,
금~토요일 11:00~24:30,
일요일 10:00~23:00

www.thecheesecakefactory.com

Macy's 1층의 오른쪽 엘리베이터를 타고 8층으로 올라가면 치즈 케이크 팩토리(The Cheesecake Factory)가 있다. 줄이 길게 늘어서 있기 때문에 카운터에 먼저 예약을 하고 기다리는 시간에 쇼핑을 할 수 있다.

아보카도 에그롤은 신선한 아보카도와 말린 토마토, 붉은 양파, 고수를 넣고 춘권피로 말아 기름에 튀긴 것으로 타마린드 캐슈너트로 맛을 낸 소스와 함께 제공된다. 향기롭고 바삭바삭한 Buffalo Wings에는 샐러리를 곁들인다. Pasta Da Vinci는 파스타에 부드러운 닭고기를 곁들여 버섯, 양파, 마늘과 마디라 백포도주로 맛을 낸 소스를 뿌린다. 파마산 치즈를 뿌리면 맛은 더욱 좋다. 식사 후에는 디저트로 치즈케이크를 주문하는 것을 잊지 말자.

로리스 디너

Lori's Diner

 P16B3
 336 Mason St.
 1-415-392-8646
 24시간 영업
 www.lorisdiner.com

많은 사랑을 받고 있는 이 미국식 레스토랑은 샌프란시스코 지구 내에만 5개가 있다. 흰색과 검정색의 타일이 바닥에 깔려있고 복고풍의 건축에서는 음악이 흘러나온다. 천장에는 미국 국기와 풍선이 걸려있으며 벽 양쪽에는 오토바이 모형, 여배우의 옛 사진이 걸려있다. 뒤쪽에는 복고풍의 자동차와 핀볼 기계가 놓여있어서 마치 50년대 미국으로 되돌아간 것만 같다.

웨이트리스들은 흰색 칼라의 검정 셔츠를 입고 있으며 머리에는 작고

킨테쯔 몰

Kintetsu Mall

 P15D3
 2, 3, 4, 22, 38번 버스를 이용
 Post St.와 Buchannan St. 사이에 위치.
 1-415-922-6776
 월~금요일 9:00~18:00,

귀여운 흰색 두건을 쓰고 있다. 웨이터는 붉은색 옷을 입고 흰색 모자를 쓰고 있어서 가볍고 활기찬 분위기가 넘친다. 이곳에서는 미국식 아침식사를 즐길 수 있는데, 위에 탐스럽고 신선한 딸기가 얹혀있는 버터향 가득한 Golden Brown Belgian Waffle이나 체다 치즈를 넣은 Cheese Omelet 등이 있다.

미후네
Mifune

P15D3

22 Peace Plaza

1-415-346-1993

이 일식 레스토랑에서는 입구에 사람들이 길게 줄을 서 있는 것을 자주 볼 수 있다. 쇼윈도 안에는 면과 밥 등 각종 음식 무형이 놓여 있고 위에 번호가 적혀 있어서 일본어를 모르는 손님도 쉽게 주문할 수 있다. 신선한 초밥이 인기가 있으며 소고기, 양파, 파와 계란을 얹은 소고기 덮밥, 그리고 미소국을 한 그릇 시키면 양도 알맞고 맛도 좋다. 계란과 닭고기, 야채를 끓여 만든 우동도 추천 메뉴이다.

**토요일 10:00~18:00,
일요일 10:00~17:00**

재팬 타운 안에 있는 약 130개의 상점과 음식점들은 주로 킨테쯔 몰(Kintetsu Mall)에 모여 있다. 안으로 들어서면 킨테쯔 식당가 (Kintetsu Restaurant Mall)가 펼쳐지고 길 양쪽에는 Benihana, Osakaya, 회전 초밥을 파는 Isobune, 일식 라면을 파는 Mifune와 Kushitsuru 등의 식당이 있다. 이 밖에도 Kinokuni 일본 서점과 타이코 도장, 꽃꽂이 가게 등이 있다.

차차차
Cha Cha Cha

P14B5
1801 Haight St.
1-415-386-7670
11:30~16:00, 17:00~23:00,
금~토요일 23:30까지 연장
www.cha3.com

골든 게이트 브리지에서 가까운 이 쿠바 식당의 검정색 벽돌로 이루어진 벽과 길쭉한 바, 종이꽃과 풀로 장식한 제단, 강렬한 색상과 몽환적인 장식, 그리고 가게 안에 울려퍼지는 열대의 멜로디가 사람들로 하여금 저절로 춤을 추게 만든다.

이곳의 메인메뉴는 다양하다. Pan Fried Pork Loin은 돼지 허리 살에 버섯소스를 얹고 팥을 곁들여 맛이 뛰어나다. Fried Calamari는 반죽을 바삭하게 튀겨 레몬즙을 뿌리고 아래쪽에는 마요네즈로 특별히 조리한 소스를 뿌리는데, 맛이 아주 좋다. Cajun Shrimp는 소스에 익힌 새우를 철판 위에 놓고 밥을 함께 볶은 것이다. Sangria는 쿠바 사람들이 즐겨 마시는 선홍색의 음료로 배로 맛을 내기 때문에 달콤하고 맛이 좋다. 하지만 알코올 농도가 높다는 것에 주의하자.

비치 샬렛 양조장과 음식점
Beach Chalet Brewery and Restaurant

P14A4
1000 Great Highway
1-415-386-8439
일~목요일 8:00~22:00,
금~토요일 8:00~23:00
www.beachchalet.com

비치 샬렛(Beach Chalet)은 골든 게이트 파크의 서쪽 끝에 위치하며 역사적 고적인 비치 샬렛 2층에 있다. Beach Chalet은 건축의 대가 Willis Polk(1867~1924년) 최후의 작품이다. Polk는 중세 후반의 향토적인 멋과 고전적인 구조를 융합하는 것에 능했다. 1925년에 완공되어 1996년에 보수를 거친 이곳의 1층에는 골든 게이트 파크의 인포메이션 센터가 있다. 화가 Lucien Labault가 1936년에 완성한 벽화, 모자이크 퍼즐, 해양 동물의 조각품도 볼 수 있다. 2층의 음식점에서는 끝없는 태평양과 Cliff House, Seal Rock 등을 감상할 수 있다. 특히 저녁 때에는 석양이 아름답다.

식당

H 숙박

H 숙박

Best Western Carriage Inn
P16B4
140 7th Street
1-415-552-8600
2인실 98달러부터
www.carriageinnsf.com

Nob Hill Hotel
P16B3
835 Hyde Street
1-415-885-2987
2인실 79달러부터
www.nobhillhotel.com

The Herbert Hotel
P16B4
161 Powell Street
1-415-362-1600
2인실 90달러부터
www.theherberthotel.com

Holiday Inn Fisherman's Wharf
P16B2
1300 Columbus Avenue
1-415-771-9000
2인실 102달러부터
www.holidayinn.com

Grant Hotel
P16B3
753 Bush Street
1-415-421-7540
2인실 68달러부터

북부 해안
North Coast

소살리토는 골든 게이트 브리지의 북쪽, 마린 카운티의 동남쪽 끝에 위치한다. 1800년대 초, 선원, 고래잡이와 조선공들이 여기에 모이면서 작은 마을을 형성하였다. 총 길이 약 4㎞의 작은 마을에는 약 2,500명의 주민이 거주하고 있다. 이곳은 사람을 매혹시키는 해안가 풍경으로 유명하며, 종종 프랑스의 리비에라 해안과 비교되곤 한다. 또 이곳에는 세계적으로 유명한 화랑들이 많이 있다.

정보

◎북부 해안으로 가는 방법

101번 고속도로를 경유하여 Sausalito 출구에서 돌아나와 왼쪽으로 곧장 가면 Bridgeway Blvd.까지 갈 수 있다. 소요시간은 약 10분이다. Golden Gate Transit 10, 50번 버스를 타도 된다. 피셔맨스 워프나 페리 빌딩에서 Blue & Gold 페리를 타면 항구지역을 한바퀴 돌 수 있다. 골든 게이트 페리도 이용 가능하다.

버스 : US$3.4(편도)
Blue & Gold 페리 : US$18
골든 게이트 페리 : US$6.75(편도)

◎구내 교통편

소살리토 시내에서 골든 게이트 버스를 이용한다.
US$2(편도)

◎인포메이션 센터

인포메이션 센터(Visitor Information Kiosk)는 항만페리의 옆에 하나가 있고 또 다른 하나는 780 Bridgeway의 오래된 건물 안에 있다.
1-415-331-1093

샌프란시스코 북부 해안
A
B
1
Pacific Ocean
태평양
1
116
101
12
소노마
Sonoma
120
505
데이비스
Davis
5
나파
Napa
121
116
121
12
Vacaville
재크라멘토
Sacramento
마린 카운티
Marin County
37
80
Fairfield
San Rafael
San Pablo Bay
680
Muir Woods
780
12
소살리토
Sausalito
4
콩고드
Concord
San Francisco
80
5
24
오클랜드
Oakland
Walnut Creek
Daly City
SF Bay
Oakland Airport
Pacifica
380
SF Int'l Airport
San Leandro
San Bruno
280
Burlingame
4
99
하프문 베이
Half Moon Bay
San Mateo
238
680
580
2
Palo Alto
101
880
Fremont
205
만테카
Manteca
2
스탠포드 대학
680
Tracy
질리콘 밸리
Silicon Valley
85
237
Milpitas
580
Santa Clara
120
스탠포드 쇼핑센터
Stanford Shopping Center
280
132
머데스토
Modesto
35
San Jose Airport
산 호세
San Jose
9
Los Gatos
33
1
17
101
99
5
산타 크루즈
Santa Cruz
Morgan Hill
기호
명소
공항
도로
1
152
길로이
Gilroy
몬테레이 만
Monterey Bay
129
머세드
Merced
140
3
152
To Yosemite
요새미티 방향
156
156
152
N
25
5
68
1
101
99

RELIANCE
SAN FRANCISCO

소살리토
Sausalito

 P69A1
 샌프란시스코 북쪽

골든 게이트 브리지를 지나 101번

고속도로의 소살리토 출구로 나온 후 곧장 Richadson's Bay 옆의 도로를 향해 가다 보면 바다 곳곳에서 돛 그림자를 볼 수 있다. 이곳은 「골든 게이트 브리지의 작은 지중해(Little Mediterranean over the Golden Gate Bridge)」라고 불린다. 맑은 기후와 아름다운 바다의 풍경은 수많은 예술가들과 부유층

인사들을 매료시켰고, 그들이 사는 산등성이의 집들은 샌프란시스코와 항만 지역에서 집값이 가장 비싼 마린 카운티에 속해있다.

이곳은 원래 Miwod 인디언들의 거주지였는데, 1775년 스페인 탐험가인 Juan Manual de Ayala가 발견한 후 스페인의 식민지가 되었다. 그는 여기를 Saucelito라고 이름 지었는데 후에 '작은 버드나무'라는 뜻의 Sausalito로 바뀌었다. 시 중심가의 소살리토 호텔은 우아한 스페인 성당 스타일의 건축으로 1915년에 지어진 역사가 깊은 건축물이다.

소살리토는 19세기 말에 북 캘리포니아주의 목재 수출항이었다. 제2차 세계 대전 때 이곳은 미군의 조선소였으며 이러한 역사 유적은 지금까지도 모두 현지 박물관에 보존되어 있다.

주말에 열리는 '아트 페스티벌'은 세계 각지에서 온 예술가들이 모여 전시하는 작품만 해도 만 점이 넘는 북 캘리포니아주에서 가장 성대한 예술 축제이다.

브리지웨이 대로

Bridgeway Blvd.

P69A1

브리지웨이 대로(Bridgeway Blvd.)는 미국 정부에 의해 국가 고적의 하나에 포함되었다. 대로 위에는 고전적이고 우아한 상점과 화랑, 그리고 음식점들이 들어서 있다. Bridgeway Blvd. 749호의 'Sausalito USA'는 1887년에 지어진 3층짜리 오래된 건물로, 각종 샌프란시스코의 기념품을 판매하고 있다.

브리지웨이 대로 또한 소살리토의 주요한 도로이다. 하지만 산 주변까지 눈을 넓힌다면 Princess St.와 Caledonia St.에도 상점이나 카페가 몇 개 있으니 천천히 거닐어도 좋을 것이다.

시립 공원
Plaza de Lina Del Mar Park

🚩P69A1
🏠Bridgeway Blvd.

공원 중앙의 이탈리아풍 분수 옆에 는 높은 종려나무가 두 그루 있는데, 이것은 도시의 지표 중 하나이다. 입 구에는 기념 석비가 하나 있다.

여행자 서비스센터
Visitor Center

🚩P69A1
🏠Bridgeway Blvd.에 위치.
시립공원과 멀지 않은 곳에 위치 한 따스함이 풍기는 일반 목조 주 택 건물이다. 이곳에서는 지도와 여행에 관련된 필요한 정보를 얻 을 수 있다.

식당

브리지웨이 햄버거
Bridgeway Hamburgers

P69A1
737 Bridgeway, Sausalito
1-415-332-9471

가게 입구에는 언제나 손님들이 줄을 서있다. 젊은 요리사는 숙련된 기술로 철판 위에서 굽는 방식으로 햄버거를 만든다. 뜨거운 철판 위에서 고기 패티가 익어가면 칙칙 소리와 함께 맛있는 냄새가 온 길가에 퍼진다. 빵과 토마토 슬라이스, 야채가 들어간 햄버거의 크기는 보통 패스트 푸드점보다 1.5배 정도 커서 양이 아주 푸짐하다.

란 스시
Sushi Ran

P69A1
107 Caledonia St., Sausalito
1-415-332-3620
저녁식사는 매일 제공하며, 점심식사는 월~금요일만 제공된다.

www.sushiran.com

1986년에 오픈한 일본 레스토랑이다. 회의 종류가 매우 다양하며 한 끼 식사의 비용은 20~30달러 정도이다. 요리 대상을 여러 번 수상하였으며, 2006년에는 미국 미식평가 『Zagat』에서 항만지역 최고 5대 음식점 중의 하나로 뽑혔다.

숙박

Acqua Hotel

555 Redwood Highway, Mill Valley
1-415-380-0400
2인실 169달러부터
www.marinhotels.com/acqua.html

Casa Madrona Hotel

801 Bridgeway, Sausalito
1-415-332-0502
2인실 179달러부터
www.casamadrona.com

The Inn Above Tide

30 El Portal, Sausalito
1-415-332-9535
2인실 285달러부터
www.innabovetide.com

Hotel Sausalito

16 El Portal, Sausalito
1-415-332-0700
2인실 155달러부터

Gables Inn-Sausalito

62 Princess St., Sausalito
1-415-289-1100
2인실 135달러부터
www.gablesinnsausalito.com

식당
숙박

항만지역
Bay Area

항만지역은 샌프란시스코 항을 감싸고 있는 도시와 마을을 가리킨다. 번화한 샌프란시스코 외에 스탠포드 대학이 소재하는 팰러 앨토와 하프 문 베이, 그리고 산 호세시를 포함한다. 약 800만 명의 주민이 살고 있으며 높은 수준의 과학 기술이 밀집되어 있는 지역이다. 최근에는 컴퓨터 산업의 급격한 발전으로 항만지역은 더욱더 중시되고 있다.

정보

- 항만지역에는 샌프란시스코 국제공항(SFO), 오클랜드 국제공항(OAK), 산 호세 국제공항(SJC) 등 3개의 국제공항이 있다. 지역 내 교통으로는 골든 게이트 버스, BART(Bay Area Rapid Transit), 철도 등이 있으며 그중에서 BART는 항만 지역을 따라서 43개의 정류장이 있다. 해상 교통으로는 Blue and Gold 페리가 있다.
- Blue and Gold 페리를 타고 항만 지역을 유람하는 데에는 약 1시간이 걸리며 성인은 18달러, 12~18세는 14달러이다.

⊙ 명소

산 호세
San Jose

P69A2

샌프란시스코에서 101 South를 지나 87 South를 타고 Sam Canlos St. 로 나오면 도착.

www.sanjoseca.gov

다운타운은 산 호세에서 가장 인기 있는 장소이다. 이곳에 온다면 꼭 박물관에 들러보자. 첫 번째는 미국의 5대 박물관 중 하나인 Children's Discovery Museum으로, 직접 자기의 손으로 멕시코의 옥수수 전병이나 일본의 종이학, 멕시코의 허수아비 등을 만들 수 있다. 두 번째는 Fairmont Hotel 옆의 산 호세 박물관이다. 20세기 현대 예술품을 주로 전시하며 Andy Warhol의 작품 등이 있다.

과학 발명 박물관(The New Tech Museum of Inovation)은 더욱이 그냥 지나칠 수 없는 곳이다. 강렬한 노란색의 박물관 건물은 생활 과학기술, 발명, 통신과 탐색 등 4개의 전시장으로 나뉘고 300여 종의 전시품을 직접 조작해볼 수 있다.

 P69A2

 샌프란시스코 1번 국도에서 남쪽으로 약 한 시간쯤 가면 55마일 되는 지점의 왼쪽에서 하프문 베이 주립 공원 관광객 센터(Half Moon Bay State Beach Visitor Center)를 찾을 수 있다.

 Half Moon Bay SB, 95 Kelly Avenue

 하프문 베이 주립 관광객 센터 1-650-726-8819

 관광객 센터는 토요일과 일요일만 운영

스탠포드 대학
Stanford University

 P69A2

 101번 국도를 경유하여 University Ave.에서 내려가서 끝까지 가면 도착.

 1-615-723-2300

 www.stanford.edu

　1891년에 Leland Stanford에 의해 세워진 스탠포드 대학(Stanford University)은 팰러 앨토에 위치하며 미국 동부의 하버드 대학과 어깨를 나란히 하는 학술의 요충지이다. 이 학교의 설립자인 Stanford는 태평양 철로를 경영하며 부자가 되었지만 외동아들이 장티푸스로 일찍 세상을 떠나자 그는 재산을 모두 기부해 캘리포니아에 아이비 리그의 명문 대학들과 견줄 만한 대학을 세웠다.

　교문에 들어서면 넓은 종려나무 대로가 펼쳐지며 이 길을 쭉 따라 가면 광장에 다다른다. 이 광장은 뉴욕의 센트럴 파크를 설계한 Frederic Law Olmstead가 설계한 것으로 스탠포드 대학 캠퍼스를 구경할 때 꼭 둘러보자.

　스탠포드 대학의 대표적인 건축물은 후버 탑(Hoover Tower)이다. 이 탑은 제 1회 졸업생들을 기념하

$ 무료
관광객 센터
www.parks.ca.gov

하프문 베이(Half Moon Bay)는 샌프란시스코에서 약 46km 떨어져 있어 차로는 45분 정도 걸린다. 또한 매년 10월에 열리는 할로윈 데이 축제는 이 지역의 큰 행사로 하프문 베이는 이때 쓰이는 호박과 크리스마스 트리의 생산지로도 유명하다. 이 작은 도시와 주변 풍경을 둘러보는 데에 적어도 하루 정도 걸린다.

Kelly Avenue를 따라 서쪽으로 3km 정도 가면 하프문 베이 주 해변에 다다른다. 이곳의 바닷물은 상당히 차가워 수영하기에는 적합하지 않지만 봄과 가을 두 계절에는 기후가 매우 쾌적하다.

해양 생태에 관심있는 사람은 아노 누에보 보호구역(Ano Nuevo State Reserve)을 절대 놓치지 말자. 이곳은 캘리포니아 주의 바다코끼리를 구경하기에 가장 좋은 곳이다. 바다코끼리는 몸집이 매우 커 크기가 약 4미터이며 무게는 약 3톤이다. 일 년 내내 볼 수 있지만 10월에서 11월 초에는 좋은 날씨와 더불어 무료로 구경할 수도 있다. 11월의 마지막 두 주는 문을 닫는다. 바다코끼리의 번식기인 12월을 대비하여 그 해 12월부터 다음해 3월까지는 아노 누에보 보호구역 사무실에 가서 허가증을 신청해야만 들어갈 수 있다.

전체를 내려다볼 수 있다. 후버 탑은 매일 10시부터 오후 4시까지 개방된다. 미국 전 대통령 Herbert Hoover는 퇴임 후 Hoover 연구 센터를 설립하였다. 이곳에는 미국에서 동아시아 연구에 가장 명망이 높은 동아시아 연구 센터가 자리잡고 있다.

또 다른 대표적인 건축물은 교문에서 멀리 떨어지지 않은 곳에 있는 메모리얼 교회(Memorial Church)인데, 낭만주의적 풍격을 지닌 걸작으로, 정면에는 오색찬란한 종교 벽화가 세밀하게 상감되어서 자세히 참관해 볼 만하다.

기 위해 지어진 것으로 285미터 높이의 탑 꼭대기에 오르면 캠퍼스

스탠포드 쇼핑 센터
Stanford Shopping Center

📍 P69A2

🚗 101번 국도를 타고 University Ave.로 나와 스탠포드 대학 교문까지 간 후 오른쪽으로 돌아 Camino Real 대로에서 2분 정도 더 가면 왼쪽으로 스탠포드 쇼핑 센터가 보인다.

🏠 181 EL Camino Real, Palo Alto

☎ 1-650-617-8200

🕐 월~금요일 10:00~21:00,
토요일 10:00~19:00,
일요일 11:00~18:00

🌐 www.stanfordshop.com

　스탠포드 쇼핑 센터(Stanford Shopping Center)는 설계가 독특할 뿐만 아니라 스탠포드 대학과 가까워서 학술적인 분위기도 풍긴다. 센터 내에는 University Shop이 있는데 스탠포드 대학의 마크가 그려진 티셔츠, 모자, 점퍼 등을 판매한다. 이밖에도 Macy's, Bloomingdales, Neiman Marcus 와 Nordstrom 등의 백화점이 있으며 Ralph Lauren, Tiffany, Cartier, Laura Ashley 등 백여 개의 명품점이 입점해 있다. 규모가 매우 커서 이곳을 모두 구경하려면 오후 시간 전부를 써야 할 것이다.

H 숙박

The Ritz-Carlton Half Moon Bay
- One Miramontes Point Road, Half Moon Bay
- 1-650-712-7000
- 2인실 305달러부터
- www.ritzcarlton.com/resorts/half_moon_bay/

Wyndham San Jose
- 1350 North First Street, San Jose
- 1-408-453-6200
- 2인실 134달러부터

Westin Palo Alto
- 675 El Camino Real, Palo Alto
- 1-650-321-4422
- 2인실 139달러부터
- www.starwoodhotels.com

Super 8 Palo Alto
- 3200 El Camino Real, Palo Alto
- 1-650-493-9085
- 2인실 85달러부터
- www.super8paloalto.com

Stanford Park Hotel
- 100 El Camino Real, Menlo Park
- 1-650-322-1234
- www.stanfordparkhotel.com
- 2인실 279달러부터

근교

Surrounding Area

태평양을 마주하고 있어 바다로부터 오는 습윤한 공기와 비옥한 토양은 샌프란시스코 동북쪽의 나파 밸리를 포도 재배의 최적의 조건으로 만들어주었다. 샌프란시스코의 동남쪽에 위치한 요세미티 국립 공원은 풍부한 삼림과 기암괴석으로 유명하며, 원래 그대로의 자연 생태를 보존하고 있다. 이곳에서 야영을 하거나 주차를 할 때는 반드시 음식물을 꺼내놓아야 하는데, 이는 야생 곰이 음식물을 노리고 창문을 깰 수도 있기 때문이다.

샌프란시스코
근교

A
B
128
29 칼리스토가
Calistoga
29
←산타로사 방향
To Santa Rosa
스털링 빈야드
Sterling Vineyards
29
세인트 헬레나
St. Helena
N
1
St. Helena Wine Center
29
128
러더퍼드
Rutherford
나파 밸리 주변도
소노마
Sonoma
116
121
나파 밸리
Napa Valley
80
12
37
80
680
1
790
101
콩코드
Concord
580
80
4
소살리토
Sausalito
버클리 Berkeley
24
Oakville
샌프란시스코
San Francisco
80
Oakland
로버트 몬다비 와인농장
Robert Winery Mondavi
로버트 신스키 와인 농장
Robert Sinskey
Vineyards
태평양
101
280
580
680
Yountville
Crossroad
샌프란시스코 만
92
880
238
04
2
욘트빌
Yountville
나파 시내
Napa Valley Wine Train
Trancas
Jefferson St.
Pueblo
실버라도 트레일
Silverado Trail
California
Main St. Lincoln
To Glen Ellen
Visitors' Center &
Napa Town Center
First St.
Soscol Ave.
Copia
121
Second St.
와인 열차
Wine Train Station
Laurel St.
Division
29
Freeway Dr.
Franklin St.
Randolt St.
Coombs St.
Brown St.
Copia
3
Silverado Trail
121
Imola Ave.
121
12
나파
Napa
←소노마 방향
To Sonoma
29
12
To Fairfield
To Vallejo
A
B

나파 밸리

기호
명소
공항
숙박
상점
식당
인포메이션
센터
도로

요세미티 국립공원
Yosemite National Park

⚐ P80

🚌 샌프란시스코의 Transbay 정류장에서 Grey Hound 버스를 타면 Merced까지 약 4시간 정도 소요된다. 편도 요금은 26달러 25센트이다. 샌프란시스코의 유니언 스퀘어(SFS)에서 Amtrak의 San Joaquin노선을 타고 가면 Merced 정류장까지 4시간 정도 걸리며 편도 요금은 32달러이다. 다시 요세미티 버스(YARTS Bus 140)를 타면 요세미티 벨리까지 간다.

🏠 캘리포니아주 동부와 네바다 산맥의 중앙에 위치

☎ 1-209-372-0200

💲 7일 유효 통행권은 승용차 20달러, 오토바이 15달러, 도보나 자전거 10달러이다. 요세미티 패스 통행권은 40달러이며 1년간 유효하다. 국립공원 통행권은 50달러이며 1년 안에 미국 전역의 국립공원에 입장할 수 있다.

🌐 www.nps.gov/yose

'Yosemity'는 인디언말로 '회색 곰'이라는 뜻이다. 요세미티 국립공원(Yosemity National Park)은 미국 기병대가 1851년 요세미티 밸리를 발견한 후 1890년 10월 1일에 국립공원으로 지정되었다. UNESCO에서 지정한 세계 자연유산이기도 하다.

공원의 면적은 약 300,000km²이며 공원 내의 평균 해발 고도는 약 2천 미터이다. 절벽과 가파른 벼랑, 폭포와 기암, 호수와 냇물 등 경치가 매우 뛰어나다. 요세미티 셔틀버스를 이용하면 공원을 무료로 관람할 수 있다. 운행시간은 매일 7:00~22:00이며 출발시간은 계절마다 약간 다르다. 15분마다 출발하며 도중에 21개의 정류장을 거친다.

요세미티 빌리지 방문자 센터
Yosemite Village Visitor Center

⚐ P80A1

🏠 Yosemite Village Loop, 요세미티 빌리지 우체국의 서쪽에 위치

☎ 1-209-372-0200

방문자 센터에는 국립공원 모형이 전시되어 있고, 친절한 안내원들은 지리 특징과 하이킹 등에 대한 궁금증에 대해서도 대답해준다. 데스크에는 지도와 여행 자료가 있으며 영상실에서는 정기적으로 국립공원과 생태 가이드 관련 영상을 틀어준다.

요세미티 빌리지
Yosemite Village

⚐ P80A2

요세미티 빌리지 안에는 촬영의 대가 Ansel Adams의 갤러리와 우체국, 요세미티 야생동물 센터가 있다. 방문자 센터 부근에는 작은 가게가 있으며 중형 슈퍼마켓인 「Village Store」가 있다.

하프 돔 Half Dome

⚐ P80B2

국립공원의 안내센터로 들어가기 전에 Sentinel Bridge를 지나게 되는데 이 다리 위에 서면 멀리 보이는 하프 돔을 볼 수 있다. 다리 아래에는 Tenaya 지류가 흐른다. 빙하로 인해 반으로 갈라진 바위는 매우 가파르며 높이가 약 8백 미터에 이른다. 공원 내에는 보도가 잘 정돈되어 있어서 하루 계획을 세워서 들러봐도 좋다.

엘 캡틴 절벽 El Captain

P80A2

요세미티 국립공원에서 인기가 가장 많은 관광지로는 엘 캡틴 절벽을 빼놓을 수가 없다. 이 절벽은 어마어마하게 큰 화강암으로, 높이는 약 천 미터에 달한다. 태양이 내리쬐면 암벽은 각도에 따라 다른 빛깔을 띠게 된다.

브라이들 베일 폭포 Bridal Veil Fall

약 188미터의 폭포에서는 끊임없이 물줄기가 쏟아진다. 인디안들은 이 폭포를 '훅 부는 바람의 영혼(spirit of the puffing wind)' 이라고 불렀다.

요세미티 폭포 Yosemite Falls

P80A2

요세미티 폭포는 공원 내에서 가장 파워풀한 폭포이다. 폭포는 위쪽 폭포와 아래쪽 폭포로 나뉘는데 위쪽의 높이는 약 430미터, 아래쪽의 높이는 약 300미터이다. 관람하기 가장 좋은 시기는 4월과 5월의 눈이 녹은 후로, 방문자 센터 옆의 길을 따라 하이킹을 즐길 수 있다. 여름철 8월 이후에는 물의 양이 적어져 물이 마르기도 한다.

터널 전망대 Tunnel Lookout Point

P80A3

이곳은 여행객들의 발길을 멈추게 하는 지점으로, 요세미티 국립공원의 전경을 또렷하게 볼 수 있다.

마리포사 그로브 Mariposa Grove

P80A3

공원의 남쪽에 위치한 이 숲은 전 구역이 거인처럼 커다란 수삼나무로 가득 차 있는데, 붉은 나무줄기들이 우뚝 솟아있다.

나파 밸리
Napa Valley

✈ P81

📍 샌프란시스코에서 차로 1시간 거리에 있다. 101번 국도에서 북쪽으로 올라가 37번 도로로 빠진 후 다시 29번 도로를 타고 북쪽으로 가면 나파에 도착한다. 하버 브리지에서는 80번 국도를 타고 북쪽 Napa/Columbus Pkwy 출구에서 Napa 37을 따라 왼쪽으로 간 뒤 다시 29를 지나 북쪽으로 가면 된다.

나파 밸리 방문자 안내 센터
(Napa Valley Conference and Visitors Bureau)

🏠 1310 Napa Town Center

🕐 월~일요일 9:00~17:00

☎ 1-707-226-7459

🌐 www.napavalley.org

로버트 몬다비 와인 농장
Robert Mondavi Winery

✈ P81B2

🏠 7801 St. Highway 29, Oakville

☎ 1-707-968-2100,

🕐 10:00~17:00

💲 와인 체험 관광 코스 일인당 20달러

🌐 www.robertmondavi.com

마치 스페인의 흰색 성당과 같은 외관이다. 앞마당에는 장미가 심어져 있고 입구에는 St. Francis의 조각상이 세워져 있다. 이곳은 캘리포니아주에서 가장 훌륭하고 큰 와인 공장 중 하나이다. 미국 와인 전문가 Hugh Johnson이 이곳의 와인을 평가하고 가장 높은 별 네 개를 주었다.

와인 농장에서는 거의 모든 종류의 와인이 생산된다. 가장 유명한 것은 Fume Blanc인데 맑고 시원한 백포도주로 약간의 풀 향기와 불에 구은 듯한 향이 있다. Cabernet Sauvignon은 적포도주로 딸

스털링 빈야드
Sterling Vineyards

✈ P81A1

🏠 1111 Dunaweal Lane, Calistoga, California

☎ 1-707-942-3444, 1-800-726-6136

🕐 10:30~16:30

💲 15달러

🌐 www.sterlingvineyards. com

칼리스토가의 산 기슭에 위치하며 포도 농장에서 운행하는 전용

캘리포니아에 있는 8곳의 와인 생산지 중에 나파에 있는 나파 밸리(Napa Valley)가 인기 최고임에는 의심할 여지가 없다. 나파 밸리에는 총 250개가 넘는 와인 공장이 있어 1년에 백만 명이 넘는 관광객들이 이곳을 찾는다. 한 폭의 그림과 같은 멋진 풍경, 사람들을 기분 좋게 하는 멋진 와인, 그리고 최고의 요리들이 바로 이곳의 매력이다.

나파 밸리로 들어올 때 시내의 방문자 안내 센터에서 와인 농장의 지도를 챙기고 이벤트 활동이나 호텔정보에 대해 문의하면 좋다.

기 향과 후추 맛이 느껴진다. 메인인 Muscato Doro는 벌꿀 맛의 술이며 1981년산이 최고이다. 전문가가 함께하는 『포도 농장과 양조장 와인 체험 관광』을 신청해보자. 와인 시음실에서 무료로 두 가지의 백포도주와 두 가지의 적포도주를 맛볼 수 있다.

곤돌라(Aerial Tram)를 타고 이동해야 한다. 곤돌라를 탄 후 약 5분 정도 지나면 순백색의 수도원 건물도 볼 수 있다.

와인 농장의 잘 정비된 노선을 따라 전시된 사진과 자료를 살펴볼 수 있으며 게시판에는 포도의 수확부터 압축, 발효, 병에 담고 양조하는 과정까지 자세히 소개하고 있다. 또한 저장실도 참관할 수 있고, 탁 트인 경치도 조망할 수 있다. 시음실에서는 네 종류의 포도주를 맛볼 수 있다.

2004년산 Pinot Gris Rose, 2002년산 Zinfandel, 2002년산 Cabernet Sauvignon, 그리고 2004년산 Malvasia Bianca 등을 추천한다. 한 병의 가격은 22달러 50센트부터이다.

미성년자는 음주를 금합니다.

나파 밸리 와인 열차
Napa Valley Wine Train

- P81B3
- 1275 Mckinstry St., Napa
- 1-707-253-2111,
  1-800-427-4124
- 월~금요일 : 하루 1회 운행.
  11:30에 출발하여 14:30에
  도착. 승객들은 열차 안에서
  점심을 먹을 수 있다.
  토~일요일 : 하루 3회 운행.
  9:30, 12:30, 15:30에 출발
  하며 각각 브런치와 점심, 저
  녁식사를 먹을 수 있다. 총 3
  시간이 소요된다.
- Silverado Grill Car는 47달
  러 5센트부터, Vista Dome
  Dining Excursions는 63달
  러 5센트.
  Silverado Grill Car의 점심
  식사는 1인당 77달러 50센
  트, Vista Dome Dining

로버트 신스키 와인 농장
Robert Sinskey Vineyards

- P81B2
- 6320 Silverado Trail, Napa
- 1-707-944-9090
- 10:00~16:30,
  포도 농장이나 와인 체험 관
  광 코스는 예약을 해야 한다.
- www.robertsinskey.com

돌로 된 벽과 나무 기둥으로 만
들어진 현대적인 건축물이 눈길을
끈다. 와인 농장 안에는 원형 모양

Excursions의 점심식사는 1인당 90달러, Gourmet Express Dining Excursions의 점심식사는 1인당 110달러부터이다.
www.winetrain.com

와인 농장 기차 여행의 기점은 나파시이다. 나파의 남쪽에 위치한 와인 농장 기차역에서 북쪽을 향해 출발하며, 종점은 세인트 헬레나의 Stevenson 박물관이다. 왕복 36마일이며 약 3시간 정도 소요된다.

나파 밸리는 사계절 내내 아름다운 경치를 자랑한다. 봄에는 갓꽃이 들판을 황금색으로 물들이며 여름에는 초록빛이 가득한 포도밭을 감상할 수 있다. 가을에는 포도가 짙은 보랏빛으로 무르익으며 붉은 포도나무 잎을 돋보이게 한다. 겨울에는 포도 줄기가 모두 시들어 스산한 아름다움도 느낄 수 있다.

와인 농장 기차여행은 창밖의 아름다운 풍경을 여유롭게 즐길 수 있을 뿐만 아니라 열차칸 안에서 애피타이저, 샐러드, 훈제 연어, 스테이크, 해산물, 치즈 등 요리사가 정성을 다해 조리한 음식도 맛볼 수 있다. 여기에 나파의 포도주를 곁들이면 금상첨화이다.

명소

의 바에서 와인을 제공하여 사람들이 맛볼 수 있다. 이곳은 Pinot Noir 적보노주로 유명하다. 프랑스 버건디 지방의 적포도주에서 기원한 것으로, 술맛과 타닌산이 모두 Cabernet Sauvignon보다 훨씬 옅으며 생선이나 야채, 모두에 잘 어울린다.

이 와인 농장에는 몇 가지 추천하고픈 술이 있는데, 하나는 1995년산의 Pinot Noir로 블랙 체리의 맛과 스톡(비단향꽃무)의 향기를 담고 있다. 또한 2004년산 Abraxas, 2002년산 Pinot Noir, 1999년산 Riesling이 있다.

이 농장의 여사장인 Maria는 요리 기술 또한 뛰어나 포도주와 요리를 조화롭게 내는 방법을 전문적으로 소개하는 책을 내기도 하였다. 월요일부터 금요일까지는 정기적으로 조리수업을 진행한다.

미성년자는 음주를 금합니다.

열기구 비행
Balloons Flight

Calistoga Balloons
www.calistogaballoons.com
1-707-942-5758

Balloons Above the Valley
www.balloonrides.com
1-707-253-2222

고요한 새벽녘, 열기구는 천천히 하늘로 떠오르며 평온하게 나파 밸리 상공을 비행한다. 공중에서 바라보는 와인 농장의 초록빛 들판과 아름다운 경치가 매우 낭만적이다. 많은 열기구 업체들이 열기구 비행 체험 코스를 운영하고 있다.

H 숙박

요세미티 뷰 로지
Yosemite View Lodge

P80A3
11136 Highway 140, El Portal
1-209-379-2681
4인실 149달러부터
www.yosemiteresorts.us

공원의 서쪽 입구(티 Portal)에서 약 3킬로미터 떨어진 곳에 있으며 공원에서 가장 가까운 숙소 중 하나이다. 6개의 스파, 두 개의 음식점, 그리고 피자 레스토랑, 응접실과 기념품점 등이 있으며 ATM기와 YARTS 버스 정류장이 있다. 335개의 객실에는 스파 욕조와 벽난로가 있으며 Tenaya 지류와 가깝기 때문에 테라스에 서면 시냇가를 볼 수 있다. 예전에 네덜란드 황실의 왕자도 이곳에 묵었다고 한다.

요세미티 시더 로지
Yosemite Cedar Lodge

- P80A3
- 9966 Highway 140, El Portal
- 1-209-379-2612
- 4인실 109달러 95센트부터
- www.yosemiteresorts.us

 공원의 서쪽 입구(티 Portal)에서 차로 약 10분 거리에 있다. 총 210개의 객실과 스파 온수 수영장, 기념품점, 가정식 음식점과 오십년 대 복고풍 식당 등이 있다. 홀의 데스크 옆 유리 장식장에는 각종 인형 소품들이 놓여 있으며 어디에서나 흑곰과 동물의 목조품을 볼 수 있다. 이 산장에서는 반나절 관광과 하루 관광 코스를 제공하여 투숙객들이 요세미티 국립공원에 대해 더 많이 알 수 있도록 도와준다.

요세미티 리조트 홈즈
Yosemite Resort Homes

- Highway 140, El Portal
- 1-209-379-2612
- Log Cabin 289달러부터
- www.yosemiteresorts.us

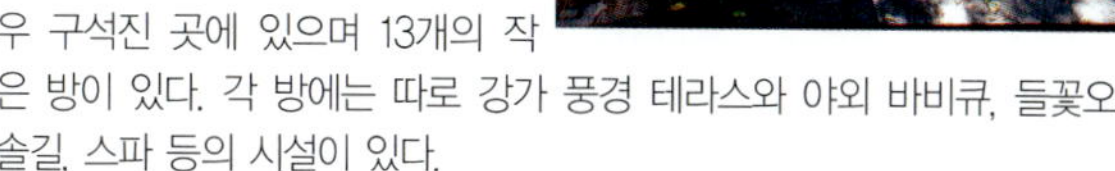

 공원의 서쪽 입구(티 Portal)에서 차로 13분 정도의 거리에 있다. 매우 구석진 곳에 있으며 13개의 작은 방이 있다. 각 방에는 따로 강가 풍경 테라스와 야외 바비큐, 들꽃오솔길, 스파 등의 시설이 있다.

 이곳은 예전에 무역 주재 초소(Savage Trading Post)였으며 또한 인디언들과 백인이 총기와 포획물, 가죽, 모피 등의 물건을 교역하던 중심지여서 역사적 의의가 상당히 높다.

NBC

Blythe Da...
Ben Sti...
& Ba...
2004
Ra...

다운타운

Downtown Area

로스앤젤레스가 주는 첫 번째 인상은 사계절 내내 태양이 내리쬐는 활력의 도시라는 것이다. 다운타운에는 높은 빌딩들 외에도 초기 이민자들이 모여 있는 리틀 도쿄, 차이나 타운, 멕시코 스트리트 등이 있어 각 민족의 특색을 볼 수 있을 뿐 아니라 각국의 전통 요리 또한 이곳에서 원래 맛 그대로 맛볼 수 있다.

정보

◎시내 교통

1. MTA 버스 Metro Bus

로스앤젤레스와 주요 관광지를 지난다. 총 200여 개의 노선이 있으며 시 중심부 외에도 헐리우드와 비버리 힐즈, 근교의 디즈니랜드, 헐리우드 유니버셜 스튜디오와 산타 모니카 해변 등지에도 연결된다. 1일 통행권(Metro Day Pass)을 구입하면 버스와 철도(Rail Line)를 이용할 수 있다. 만약 공항에서 버스를 타고 다운타운으로 가려면 무료 공항 버스를 타고 시내 버스 센터(City Bus Center)의 MTA역으로 가서 다운타운으로 가면 된다.

☎1-213-922-2700

💲편도 1달러 25센트부터, 1일 통행권 3달러

🌐www.mta.net

❗2, 3, 302번 버스는 주로 시 중심과 Sunset을 왕복한다. 4, 304호 버스는 Boulevard 시 중심, 웨스트 헐리우드, 비버리 힐즈와 산타 모니카 사이를 왕복한다. 10, 11호 버스는 시 중심, 멜로스 대로, 웨스트 헐리우드 사이를 왕복한다.

2. Metro Rail & Metrolink

☎1-800-371-5465

💲4달러

• 레드 라인(Metro Red Line Subway) : 레드 라인은 유니언 스테이션에서부터 중앙 상업지대를 지나 Mac Athur Parker와 Western Ave.에 도착하며 헐리우드 & 하이랜드 센터와 유니버셜 스튜디오를 지난다.

• 그린 라인(Metro Green Line Subway) : Norwalk에서 서쪽으로 운행해 블루 라인과 Wilimington에서 만나며, 다시 로스앤젤레스 공항과 Redondo Beach까지 이른다.

• 블루 라인(Metro Blue Line Subway) : 시내를 운행하며 남쪽을 경유해 북쪽에서 로스앤젤레스와 Long Beach 사이를 운행한다.

3. 시내 단거리 노선 버스 DASH

「DASH」는 로스앤젤레스 교통국 LADOT(City of Los Angeles

Department of Transportation)가 운영한다. 노선은 주로 시내를 운행하며 배차간격은 평균 5~20분이다. 여행객이 자주 이용하는 것은 7개의 노선으로 D, E, F, Pico Union/Echo Park, Lincoln Heights/Chinatown, Southeast와 Bunker Hill Trolley이다. 비즈니스 빌딩, 쇼핑센터 혹은 관광지를 연결한다. 관광 호텔, 인포메이션 센터, 지하철역에서 모두 DASH-Weekend와 Weekend의 상세한 노선도를 얻을 수 있으며 시내에서 환승 시 추가 비용이 없다.

☎ 1-213-808-2273

$ 편도 25센트

www.ladottransit.com

올베라 스트리트
Olvera Street

P93B1

Alameda St., Spring St.와 Macy St.의 교차 지점.

10:00~19:00, 일부 음식점의 폐점 시간은 더 늦다.

1-213-680-2525

www.olvera-street.com

멕시코 스트리트라고도 불리며 로스앤젤레스에서 가장 오래되고 가장 짧은 거리 중 하나이다. 약 200미터 길이의 이 길은 1877년에 로스앤젤레스의 첫 번째 법관 Agustin Olvera를 기념하기 위해 올베라 스트리트(Olvera Street)로 이름이 바뀌었으며 1930년에 다시 지금의 멕시코 마켓이 되었다.

붉은 벽돌의 도보 지역에 각종 멕시코 상점과 음식점이 있으며 피혁 제품, 장식품, 민속 공예품이나 일상적인 작은 물건들이 마치 멕시코에 온 듯한 기분이 들게 한다.

로스앤젤레스 엘 푸에블로 사적공원
El Pueblo de Los Angles Historical Park

P93B1

Alameda St., Spring St., Hollywood Fwy.와 Cesar Chavez Ave.가 둘러싸고 있는 구역.

1-213-485-6855

www.olvera-street.com

수~토요일 10:00~12:00, 사적공원 관람 가이드 무료

로스앤젤레스 엘 푸에블로 사적공원(El Pueblo de Los Angeles Historical Park)은 로스앤젤레스의 탄생지로서 'Pueblo'는 '미국 인디언 부락'이라는 뜻의 스페인어이다. 1781년 스페인 이민자들이 이곳에 정착하여 개간을 했으며 후에 멕시코가 스페인으로부터 독립을 하면서 1822년에 로스앤젤레스는 멕시코의 영토가 되었다. 1848년 미국-멕시코 전쟁이 끝난 후 멕시코는 캘리포니아를 미국에 넘기기

아빌라 아도베 하우스
Avila Adobe House

P93B1

650 N. Main St.

화~토요일 10:00~15:00

무료

www.olvera-street.com

이 낮은 단층집은 1818년에 지어

데 1926년에 이르러 「옛 도시 보호 운동」이 일어나 Olvera St.는 멕시코 거리가 되었다. 1953년에는 캘리포니아주 정부와 로스앤젤레스 정부를 설득하여 옛 도시 주위의 178,068㎡ 땅을 사적공원(El Pueblo de Los Angeles Historical Park) 지역으로 나누었다.

사적공원 안에는 중요한 역사적 의의를 지닌 건축물들이 있다. 로스앤젤레스에서 가장 오래된 성당, 소방서, Masonic Hall, 세풀베다 하우스, 영화관, 인포메이션 센터, 아빌라 아도베, 올베라 스트리트와 멕시코 마켓 등이 있는데, 그중 5곳은 현재 박물관으로 개방하였으며 이국적 풍취가 넘쳐 흐른다.

로 협정을 맺었다.

남쪽의 도시들이 발전하게 되면서 옛 도시들은 점점 잊혀지게 되있는

진 로스앤젤레스에서 현존하는 가장 오래된 집이다. 집 전체가 흙벽돌로 지어졌으며 1840년대 캘리포니아에서 살던 스페인 사람의 생활 방식을 충분히 보여주고 있다.

아빌라 아도베 하우스(Avila Adobe House)는 Don Francisco Avila 부부와 세 명의 아이들이 살던 집으로 당시에는 상당히 부유한 가정에 속했다. 내부에는 부부의 방, 아이들의 방, 일상 생활을 하는 방, 사무실, 응접실, 주방 등 7개의 방이 있다. 많은 가구가 해외에서 들여온 것이며 인테리어가 매우 호화롭다. 침실에는 당시의 유행 패턴과 일상생활의 멋이 드러난다.

세풀베다 하우스
Sepulveda House

- P93B1
- 125 Paseo De La Plaza – Suite 400
- 1-213-485-6855
- 월~토요일 10:00~15:00
- www.olvera-street.com

세풀베다 하우스(Sepulveda House)는 로스앤젤레스 옛 시가지에 있는 유일한 빅토리아식 건축물로 1887년에 지어졌다. 지금은 관광객 인포메이션 센터로 쓰이며 다양한 정보를 제공하고 있다. 로스앤젤레스와 관련된 서적과 여행 자료가 진열되어 있으며 전시, 화랑, 기념품점 등의 기능도 하고 있다.

세풀베다 하우스는 로스앤젤레스의 건축과 사회 전반적인 변천과정을 보여준다. 외관은 미국식 비즈니스 건물 스타일이지만 테라스 복도와 방은 멕시코 본래의 멋이 살아있다. 1층의 인포메이션 센터 앞에는 약국과 자전거 가게가 있고 내부에는 당시의 인테리어가 많이 보존되어 있다.

차이나 타운
China Town

- P93B1
- Sunset Blvd.의 북쪽. Broadway를 주축으로 삼아 Bernard St.까지 이어진다.
- www.chinatownla.com

차이나 타운(China Town)은 초기 중국 이민자들이 발을 디딘 곳으로 중국 음식점, 상점, 은행이 즐비하다. 그러나 새로운 세대의 대만 이민자들이 북쪽의 San Gabriel에 모여 살게 되면서 지금은 베트남 사람들이 차이나 타운의 한 부분을 차지하게 되었다.

차이나 타운에는 현재 1만여 명의 이민자들이 살고 있어 로스앤젤레스 화교 생활의 중심지라고 할 수 있다. 많은 사람들은 고향의 음식을 맛보기 위해서 이곳을 방문한다.

리틀 도쿄
Little Tokyo

- P93B2
- 1st St., Central Avenue, 4th St.와 San Pedro St. 사이에 위치.
- 1-213-473-3030

스페인 스타일의 흰색 건축 양식에 현대적인 느낌과 회교적 색채를 융합하여 식민지 르네상스 시기의 스타일을 연출해내었다. 대합실의 목재 대들보는 15미터에 달하며 튼튼한 대리석 바닥은 공간을 더욱 넓어보이게 한다. 40, 50년대의 헐리우드 영화에서 자주 등장한 장소로, Toyota 자동차와 버드와이저 맥주 광고도 이곳에서 촬영했다고 한다.

이 역은 현재 Metro 각 노선과 Metro Link의 중앙역이며 이곳에서도 Coast Starlight 기차를 탈 수 있다. 1939년에 건설된 유니언 스테이션은 아직도 매우 중요한 환승역 역할을 하고 있다.

유니언 스테이션
Union Station

P93B1

800 N. Alameda St.

1-800-872-7245

www.westworld.com/ ~elson/larail/

유니언 스테이션(Union Station)은

www.ltsc.org

리틀 도쿄(Little Tokyo)는 사우스 캘리포니아에서 가장 대표적인 일본 교포와 일본계 미국인들의 사회로, 이곳의 분위기는 일본의 도쿄를 연상하게 한다. 일본 전통 건축 양식으로 지어진 Yagura Tower는 리틀 도쿄의 유명한 대표적 건물 중 하나이다.

리틀 도쿄 구역 전체는 1st, 3rd St.와 Maine St., 그리고 Alameda St.로 둘러싸여 있다. 도보로 리틀 도쿄를 전부 둘러볼 수 있다.

엘리슨 오니즈카 스트리트
Astronaut Ellison S. Onizka Street

P93B2

San Pedro와 2nd St.가 만나는 곳 근처.

엘리슨 오니즈카 스트리트(Astro-naut Ellison S. Onizka Street)라는 명칭은 일본계 우주 비행사 Ellison Onizuka에서 따온 이름이다. 그는 미국의 우주 계획에서 첫 번째로 선발된 일본계 우주비행사이며 미국 국방부의 스페이스 셔틀 계획에 참가한 것이 그의 두 번째 우주비행이었다. 1986년의 챌린저호 사건으로 불행하게도 목숨을 잃었으며 그를 기념하기 위해 이곳에 기념비를 세웠다.

또 이곳에 위치하는 Weller 광장은 1970년 이후에 만들어진 것이다. 이곳에는 음식점, 상점, 은행, 기념품, Kinokuni 서점, 쇼핑센터와 마츠자카 백화점 등이 있으며 일본 이민자들이 가장 즐겨 찾는 곳이다.

매달 셋째 주 목요일은 무료 입장.

🌐 www.janm.org

일본계 미국인 국립 박물관
Japanese American National Museum

🔺 P93B2

🏠 369 East First St.

☎ 1-213-625-0414

🕐 화~일요일 10:00~17:00, 목요일 10:00~20:00

🚫 월요일

💲 성인 8달러, 5세 이하는 무료. 매주 목요일 17:00~20:00와

일본계 미국인 국립 박물관 (Japanese American National Museum)의 설립 의의는 일본과 미국의 교량이 되기 위함이다. 특히 이곳은 전 세계 관련 자료 문헌이 가장 완벽히 보존된 박물관으로 손꼽힌다.

일본계 미국인의 역사 사진, 영상 자료들을 전시하는 것 외에도 때때로 현대 예술공연이 있기도 하다.

시청
City Hall

🔺 P93B1

🚌 DASH 버스 D노선

🏠 200 N Spring St.와 Temple St.가 만나는 지점.

☎ 1-213-485-4423

1957년 로스앤젤레스에는 건축물의 높이가 150피트(약 45m) 이하여야 한다는 규정이 있었는데 시청은 유일하게 예외였다. 피라미드 왕관 모양의 탑과 내부 대리석의 호화로운 장식은 장엄하면서도 대범함을 잃지 않고 있다.

1928년에 세워진 로스앤젤레스 시청(City Hall)은 로스앤젤레스 고전 건축물의 대표격으로 정부 관원들의 사무실이 있는 곳이기도 하며 텔레비전 화면에도 자주 등장하는 곳이다. 50년대에 가장 인기 있던 영화 『슈퍼맨』에서 남자 주인공 클라크가 일하던 빌딩 Daily Planet이 바로 이 시청 건물이며, 영웅 슈퍼맨이 미국을 구하는 장면에서도 자주 등장한다.

시청 밖의 Main St.와 First St.가 교차하는 입구에는 도로표지가 세워져 있는데 세계 각지의 21개 도시의 방향이 표시되어 있으며 파란색 바탕에 흰색 글자로 쓰여진 표지판에는 「XX시 방향, XX마일」이라는 글자가 적혀있다. 이것은 모두 로스앤젤레스와 자매시를 맺은 우호 도시들을 나타내는 것으로, 타이베이, 후쿠오카, 자카르타, 멕시코, 오클랜드와 아테네 등 각국의 주요 도시들이다.

월트 디즈니 콘서트 홀
Walt Disney Concert Hall

P93B1

Metro 레드 라인을 타고 Tom Bradley Civic Center역에서 하차, First St.를 따라 Grand Ave.가 만나는 지점까지 이동.

111 South Grand Ave., First St.와 Grand Ave.가 만나는 지점에 위치.

1-323-850-2000

오디오 가이드 투어(Self-Guided Audio Tour), 주간 가이드 투어(Matinee Day Guided Tour), 시티 가든 투어(Urban Garden Tour) 등의 코스가 있다. 비용은 8달러부터 15달러까지.

www.laphil.com

특이한 외관의 이 건물은 당대 가장 큰 영향력을 지닌 건축가 Frank Gehry와 환경 음향사 Minoru Negata 박사가 공동으로 설계한 것이다.

녹슬지 않는 강철 재질의 반짝이는 외관과 변화무쌍한 기하학 조형은 마치 알루미늄 조각들이 하나하나 교차하며 묶여있는 듯하며, 내리쬐는 햇빛 아래에서 거울 같은 외벽은 은색 빛을 반짝인다. 독특한 조형의 콘서트 홀 내부는 복고풍의 우아한 티크목으로 인테리어 되어 있다. 첨단 과학 음향설비와 최신 컴퓨터 기술을 도입하여 세계 최고의 음향설비를 갖춘 콘서트 홀

뮤직 센터
Music Center

P93B1

Metro 레드 라인을 타고 Tom Bradley Civic Center 역에서 하차, First St.를 따라 Grand Ave.가 만나는 지점까지 이동.

135 North Grand Ave., First St.와 Grand Ave.가 만나는 지점에 위치.

1-213-972-7211

www.musiccenter.org

1964년에 문을 연 뮤직 센터 (Music Center)는 로스앤젤레스에서 가장 유명한 현대 공연예술의 전당이다. 이곳에서 공연되는 프로그램에는 음악, 연극, 발레, 오페라 등이 있다.

뮤직 센터의 3개의 주 건물은 Dorothy Chandler Pavilion, Mark Taper Forum과 Ahma nson Theater이다.

중앙의 분수는 조각가 Jacques Lipchitz의 1969년 작품 「지구평화(Peace on Earth)」이다. 이 작품은 전세계 인류에게 평화를 가져다 주기를 희망하는 상징이다.

중 하나로 칭송받는 이곳은 전 세계 악단과 음악 팬들이 주목하는 포커스가 되었다.

현대 미술관
Museum of Contemporary Art(MOCA)

P93B2

Metro 레드 라인을 타고 Civic Center 역에서 하차, 또는 DASH 버스 B노선을 이용.

250 South Grand Ave, Downtown

1-213-621-1741

월요일 11:00~17:00,
목요일 11:00~20:00,
금요일 11:00~17:00,
토·일요일 11:00~18:00

화, 수요일

성인 8달러, 65세 이상 5달러, 12세 이하는 무료.
목요일 17:00이후에는 무료 입장.

www.moca-la.org

매년 세계 각지에서 약 50만 명이 방문하는 현대 미술관(Museum of Contemporary Art)은 줄여서 「MOCA」라고 불린다. MOCA는

1979년에 정부와 개인 조직이 공동으로 설립한 것으로 로스앤젤레스에서 유일하게 현대미술을 발전시키는 데 힘 쓴 미술관이다. 이 미술관은 1940년대에서 지금까지 각종 형식의 작품들을 완벽하게 보손하고 있으며 후대에 진귀한 예술 소장품을 물려주는 것을 목적으로 한다.

MOCA의 건물 자체는 상당히 특색이 있다. 서양의 기하학과 동양의 전통 건축 요소를 융합한 것으로 일본의 최고 건축가 Arata Isozaki의 미국에서의 첫 번째 작품이며, 로스앤젤레스의 대표적 건축물 중 하나이기도 하다.

중앙 도서관
Central Library

- P93A2
- Metro Bus 블루 라인과 레드 라인을 타고 7th St./Metro Center역에서 하차, 또는 DASH 버스 B노선 탑승.
- 630 W. Fifth St.와 Flower St.가 만나는 지점
- 1-213-228-7272
- 월~목요일 10:00~20:00, 금~토요일 10:00~18:00, 일요일 13:00~17:00. 도서관 가이드 투어 출발 시간은 월~금요일 12:30, 토요일 11:00와 13:00, 일요일 14:00
- www.lapl.org

1926년에 세워진 중앙 도서관 (Central Library)은 로스앤젤레스에서 가장 오래된 건축물이자 고전 건축의 걸작이다. 유명 건축가 Bertram Grosvenor Goodhue가 설계한 것으로, 건축과 조소, 회화를 하나로 결합하여 당시의 미국 건축의 틀을 깬 대담한 시도였다.

피라미드식 탑 위의 횃불은 지식을 추구하는 불의 상징이며 도서관 설립의 정신을 분명하게 보여준다.

도서관의 장서는 220만 권 이상에 달한다. 국민들은 모두 무료로 입장하여 열람할 수 있다. 또한 도서관 내의 100여 대의 컴퓨터를 이용하여 서적, 잡지, CD와 비디오 테이프 등의 목록을 검색할 수 있다. 만약 중앙 도서관의 역사나 예술과 건축 특징에 대해 좀 더 자세히 알고 싶다면 도서관 가이드 투어에 참가해보자.

🍴 식당

라 골론드리나
La Golondrina

- P93B1
- Metro 레드 라인, 그린 라인과 골드 라인을 타고 Union Station에서 하차, 또는 DASH 버스를 타고 티 Pueblo역에서 하차.
- W-17 Olvera St.
- 1-213-628-4349
- 월~금요일 10:00~21:00, 토~일요일 10:00~20:00
- www.lagolondrina.com

Olvera Street의 큰 나무 아래에 위치한 라 골론드리나(La Golond-

rina)는 로스앤젤레스에서 역사가 가장 오래된 멕시코 음식점이다. 1924년에 오픈하였으며 가게명은 스페인어로 '제비' 라는 뜻이다.

벽에 걸려있는 다채로운 그림은 열대의 분위기를 조성한다. 이곳의 주요 인기 메뉴는 많은 편인데, 'Cochinita Pibil'와 'Chile Relleno De Jaiba' 는 모두 맛볼 만하다.

필립 디 오리지날
Philippe The Original

P93B1

Metro 레드 라인, 그린 라인, 골드 라인과 DASH 버스 B 노선을 타고 유니언 스테이션에서 하차, 북쪽으로 한 블록 가면 Alameda St.와 Ord. St.가 만나는 지점에 위치.

1001 North Alameda St

1-213-628-3781

6:00~22:00

추수감사절, 크리스마스

www.philippes.com

1908년에 오픈한 LA에서 가장 오래된 식당이다. 프랑스 이민자였던 Philippe Mathieu가 실수로 샌드위치를 고기 국물에 떨어뜨렸는데, 의외로 맛이 좋아 French Dip Sandwich를 발명하게 된 것이 이 식당의 유래이다. 이곳의 커피는 백 년 동안 10달러 정가를 유지하고 있으며 가게의 주요 인기메뉴 또한 원래 가격을 유지하고 있다.

French Dip Sandwich는 소고기, 돼지고기, 양 다리살, 닭고기 등을 반을 가른 바게트에 넣은 후 육즙에 담근 것으로 맛이 무척 좋아 매일 많은 고객들이 이곳에 와서 맛있는 요리와 커피를 즐긴다.

 H 숙박

윌 샤이어 그랜드 호텔
Wilshire Grand Hotel

P93A2

930 Wilshire Blvd., 7th St.와 Figueroa St.가 만나는 지점에 위치.

1-213-688-7777

2인실 109달러부터

www.wilshiregrand.com

시내에 위치한 호텔로 총 900개의 객실이 있다. Grand Avenue의 지하철역에서 가까워 교통이 매우 편리하며 한국, 일본 식당도 있다. 호텔 안의 술집은 현지 시민들의 투표로 『2003년 로스앤젤레스 최고의 술집』으로 선정되는 영광을 얻기도 하였다.

Days Inn Downtown

P93B1

711 North Main St.

1-213-680-0200

2인실 45달러부터

www.daysinn.com

Stillwell Hotel

P93A2

838 South Grand Ave.

1-213-627-1151

2인실 49달러부터

www.stillwellhotel.com

Ritz Milner Hotel

P93A2

813 South Flower St.

1-213-627-6981

2인실 69달러부터

www.milner-hotels.com

Miyako Hotel Los Angeles

P93B2

328 East 1st St.

1-213-617-2000

2인실 97달러부터

www.miyakoinn.com

헐리우드

Hollywood Area

'헐리우드에서는 사람들이 당신의 키스에 천 달러를 지불하고, 당신의 영혼에 50센트를 지불할거에요.' 젊은 나이에 세상을 떠난 최고의 여배우 마릴린 먼로의 명언이다. 헐리우드의 쇼핑센터에서는 수시로 영화배우나 TV 스타들과 마주칠 수 있다. 스타의 꿈을 꾸는 수많은 사람들은 근처 레스토랑에서 아르바이트생으로 일하며 감독들에게 캐스팅이 되기만을 기다리고 있다.

로스앤젤레스 지하철 노선도

로스앤젤레스 / 헐리우드

그로만즈 차이니즈 극장
Grauman's Chinese Theater

⚑ P104B1
🏠 6925 Hollywood Blvd,
highland와 La Brea Ave.
사이에 위치.
☎ 1-323-464-3331
🕐 12:00~24:00
🌐 www.mantheatres.com

중국 명나라의 사원을 닮은 외관으로 유명한 그로만즈 차이니즈 극장(Grauman's Chinese Theater)은 1927년 5월에 문을 열었다. 18미터 높이의 청동빛 지붕은 하늘 높이 솟아있으며 내부도 중국 전통 스타일로 인테리어 되어 있다. 그러나 관람객들의 발길을 이끄는 것은 무엇보다도 극장의 앞뜰이다. 바닥에는 170여 명의 스타와 감독들이 남긴 발자국과 손도장이 있어서 관광객들은 스타들의 발자국과 손도장 사진을 찍거나 자신의 손을 스타의 손자국 위에 놓고 비교하느라 바쁘다.

이러한 손도장과 발자국의 유래로 가장 널리 알려진 것은 당시 스타 Norma Talmadge가 차이니즈 극장 공사 과정을 참관하는 도중 실수로 마르지 않은 시멘트 바닥을 밟아서 발자국이 남게 되었는데, 이 과정을 목격한 Sid Grauman이 계속 많은 스타들을 초대해 발자국을 남기게끔 하였다는 것이다. 스

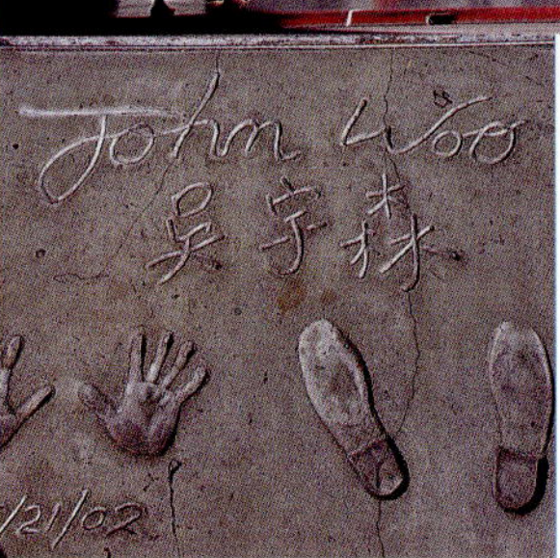

타들이 손자국과 발자국을 남길 당시 차이니즈 극장의 주인이 Sid였기 때문에 위에다 모두 「To Sid」같은 문구를 남겼다.

차이니즈 극장의 기록 중 가장 기

헐리우드 사인
Hollywood Sign

⚑ P105B1
🏠 Mt. Lee perch 산 정상
☎ 1-213-469-8311
🌐 www.hollywoodsign.org

념할 만한 발자국과 손도장은 1927년 4월 30일 스타 부부인 Mary Pickford와 Douglas Fairbanks가 남긴 것이다. 그 밖의 유명한 스타로는 덴젤 워싱턴, 워렌 비티, 톰 행크스, 해리슨 포드, 멜 깁슨, 톰 크루즈, 에디 머피, 마이클 키튼, 아놀드 슈왈츠 제네거, 메릴 스트립, 우피 골드버그, 브루스 윌리스, 스티븐 시걸, 짐 캐리 등이 있다. 특히 마릴린 먼로와 존 웨인의 발자국은 절대 놓치지 말자.

손자국과 발자국 발고도 흥미로운 흔적들도 있다. Betty Grable은 이곳에 다리 자국을 남겼으며 Jimmy Durante는 코 자국을 남겼고, 도널드 덕도 이곳에 귀여운 발자국을 남겼다.

차이니즈 극장의 현재 이름인 Grauman's Chinese Theater는 1973년에 붙여졌다. 제작자 Ted Mann은 차이니즈 극장 역사상 최초로 전체 소유자가 되었으며, 1979년에 원래의 차이니즈 극장 건물의 동쪽에 차이니즈 극장 II, III를 세워서 원래의 Chinese Theater는 현재의 Grauman's Chinese Theater로 바뀌게 되었다.

헐리우드 사인(Hollywood Sign)은 헐리우드에서 가장 유명한 랜드마크로 산등성이 위에 있는 9개의 또렷한 영문 알파벳 「HOLLY-WOOD」가 바로 그것이다. 각 알파벳의 높이는 15미터에 달한다. 1923년 만들어졌을 당시에는 원래 13개의 알파벳으로 부동산 「Holly-woodland」의 광고를 하기 위한 것이었다. 70년대에 들어서서 시에서 뒤의 'LAND'를 떼어버려서, 지금은 누구나 아는 랜드마크가 되었다.

기네스 세계 기록 박물관

Hollywood Guinness World of Records Museum

- P104B1
- 6764 Hollywood Blvd. Hollywood
- 1-323-463-6433
- 10:00~24:00
- 성인 12달러 95센트, 6~12세의 어린이 6달러 95센트, 6세 이하는 무료

www.guinnessattractions.com

기네스 세계 기록 박물관(Hollywood Guinness World of Records Museum)의 전신은 헐리우드 최초의 영화관 「Hollywood Theater」이다. 박물관에는 기네스에 오른 신기한 이야기와 사건들이 밀랍인형이나 사진, 문자와 영상 등으로 전시되어 있다.

세계에서 가장 비싼 그림은 1억

리플리의 믿거나 말거나 박물관

Ripley's Believe It or Not

- P104B1
- 6780 Hollywood Blvd. Hollywood
- 1-323-466-6335
- 일~목요일 10:00~23:00, 금~토요일 10:00~24:00

헐리우드 밀랍인형 박물관

Hollywood Wax Museum

- P104B1
- 6767 Hollywood Blvd. Hollywood
- 1-323-462-8860
- 10:00~24:00
- 성인 15달러 95센트, 65세 이상 13달러 95센트, 6~12세 6달러 95센트
- www.hollywoodwax.com

헐리우드 밀랍인형 박물관(Hollywood Wax Museum)에는 헐리우드 영화 속 최고의 장면들이 새롭게 재현되어 있을 뿐 아니라 세계적으로 유명한 영화, TV스타와 가수들, 그리고 당시에 최고의 인기를 누렸던 운동선수, 만화영화 캐릭터, 정치가 등이 밀랍인형으로 만들어져 전시되어 있다. 실제 인물과 똑같이 생긴 200여 개의 밀랍인형들은 최고의 순간을 생생하게 재현한다.

헐리우드 엔터테인먼트 박물관

Hollywood Entertainment Museum

- P104B1
- 1660 North Highland ave., Hollywood, CA90028
- 1-323-464-7776
- 여름 10:00~18:00,

달러를 호가하는 『모나리자의 미소』이다. 세계에서 가장 규모가 큰 라이브 콘서트는 로드 스튜어트가 1994년 12월 31일 브라질에서 공연한 것으로 총 350만 명이 모였다. 역사상 가장 많이 팔린 비디오 테이프는 디즈니의 『라이온 킹』으로 전 세계에 5,500만 개가 팔렸다.

그리고 역사상 가장 많은 비용이 든 영화는 2억 5천만 달러를 투자하여 찍은 『타이타닉』이다.

💲 성인 9달러 95센트, 12세 이하는 6달러 95센트
🔵 www.ripleys.com

전 세계의 유명 도시에는 모두 믿거나 말거나 박물관(Ripley's Believe It or Not)이 있다. 리플리는 1893년부터 1949년까지 전 세계 198개국을 돌아다니며 진기한 물건들을 모았는데, 이곳에는 바로 그의 소장품들이 전시되어 있다. 옛날 지폐들을 쌓아 만든 먼로의 조각상이나 미이라 머리, 베를린 장벽의 벽돌 조각 등 괴상하고 기이한 그의 소장품들은 모두 300여 점에 달한다.

가장 인기있는 것은 박물관 밖의 공룡 표지판인데 헐리우드 대로에서 사람들의 이목을 집중시키고 있다.

겨울 11:00~18:00
💲 성인 12달러, 5세 이하의 어린이는 무료.
🔵 www.thehollywoodmuseum.com

약 3천 평방미터 면적의 헐리우드 엔터테인먼트 박물관(Hollywood Entertainment Museum)은 총 세 구역으로 나뉘어 있다. 중앙 전시관에는 1940년대 헐리우드 스타일의 무대가 전시되어 있고 동쪽 전시관에서는 영화의 제작 과정을 볼 수 있다. 서쪽 전시관에는 무대도구와 의상이 전시되어 있다. 이밖에 비정기적인 순회 전시가 열리기도 한다.

헐리우드 볼
Hollywood Bowl

P105A2

2301 North Highland Avenue, Hollywood

1-323-850-2000

www.hollywoodbowl.org

1922년 7월 11일에 완공된 헐리우드 볼(Hollywood Bowl)은 독특한 반 가림식의 노천 무대가 숲에 설치되어 있어서 자연과 완벽한 조화를 이룬다. 무대 전방의 특별석은 가장 좋은 자리이다. 이곳은 로스앤젤레스 교향악단이 하계 정기 공연을 하는 장소이며 평일에도 각종 공연이 열린다. 또한 비틀즈, 바바라 스트라이센드 등의 유명 가수들이 공연하기도 하였다. 매년 7월 4일 미국 독립 기념일 밤에는 축하 음악회가 열린 후에 환상적인 불꽃놀이가 펼쳐진다.

헐리우드 볼 박물관(Hollywood Bowl Museum)은 1922년 이곳에서 열렸던 첫 번째 음악회 『Symphonies Under the Stars』부터 지금까지의 여러 가지 소소한 일들을 전시하여 음악팬들은 로스앤젤레스 음악사에 대해 한층 더 깊은 지식을 알 수 있게 되었다. 박물관 안에는 MTV 뮤직 비디오 테잎과 문자 자료 등 더욱 완벽하게 각종 콘서트 현장을 재현했다.

헐리 헉 하우스
Hollyhock House

P93B2

Metro 레드 라인, DASH Hollywood.

Barnsdall Park, 4800 Hollywood Blvd.

1-323-644-6269

토~일요일 12:30, 13:30, 14:30, 15:30에 가이드 투어

가 있다.

성인 5달러, 학생과 노인 3달러, 12세 이하 무료

www.hollyhockhouse.net

도쿄의 제국호텔, 펜실베니아주의 낙수장(Fallingwater), 뉴욕의 구겐하임 미술관을 설계한 20세기의 유명 건축가 프랭크 로이드 라이트(Frank Lloyd Wright 1867~1959)가 로스앤젤레스에서 첫 번째로 맡은 작업이 바로 헐리우드에 위치한 이 헐리 헉 하우스(Hollyhock House)이다.

그는 건축물은 사람과 같이 살아 있는 것과 마찬가지이며 대자연 속의 유기생명체와 같다고 생각했다. 1921년에 지어진 이 건물도 라이트의 사상에 부합한다. 건물 사이사이마다 유리, 테라스, 덩굴나무 지지대로 주변의 환경과 조화를 이루고 있다. 건물 위 테라스에 서면 로스앤젤레스의 전경을 바라볼 수도 있다.

코닥 극장
Kodak Theatre

 P104B1

 6801 Hollywood Blvd. Hollywood

 1-323-308-6300

 극장 관람 가이드 투어 10:30~14:30, 30분마다 한 번, 30분 소요

 성인 15달러, 17세 이하 10달러

 www.kodaktheatre.com

이천만 달러를 들여 설계된 코닥 극장(Kodak Theatre)은 3,500석의 좌석을 보유하고 있으며, 2002년 이후부터 아카데미 시상식(Academy Award Ceremony)이 열리는 시상식장이기도 하다.

매년 아카데미 시상식이 열릴 때면 최고의 스타들, 감독, 영화 제작자들은 멋지게 차려입고 레드 카펫을 밟으며 극장 안으로 들어간다. 이는 전 세계의 영화팬들이 주목하는 크고 성대한 행사이다. 평소에는 각종 연극 공연과 콘서트가 열리며, 인기 영화 등을 상영하기도 한다.

워크 오브 페임
Walk of Fame

P104B1
Hollywood Blvd.
1-323-463-6767
www.hollywoodbid.org

 1961년에 완공된 워크 오브 페임 (Walk of Fame)은 La Brea Ave. 와 Gower St. 사이의 Hollywood Blvd.에 위치하고 있다. 18개의 거리에 걸쳐 있으며 Yucca St.와 Sunset St.사이의 Vine St.도 포함한다.

 완공 후 헐리우드의 유명한 영화 배우들이 꾸준히 이곳에 와서 그들의 신성한 이름을 남겼으며 현재 이곳에 기록된 명단은 이미 2천 명을 돌파했다. 워크 오브 페임에 이름을

남기고 싶은 헐리우드 스타들은 반드시 5,000달러의 신청금을 내어야 하며, 50명 이상이 기록식을 참관할 수 있다.

 오래된 동으로 둘레를 장식한 붉은색 별모양 대리석 위에는 이름이 새겨져 있다. 별 안의 도안은 모양이 각각 다른데, 이것들은 미국의 영화, 음악, 연극, 텔레비전과 라디오, 무대 공연에 대해 공헌을 한 스태프들을 기념하기 위한 것이다. 차이니즈 극장과 코닥 극장 앞에는 마이클 잭슨, 바바라 스트라이센드와 미키 마우스의 낙인이 찍혀있는 것을 볼 수 있다.

 Hollywood Ave.와 La Brea Ave.가 만나는 지점에는 순백색의

그리피스 천문대
Griffith Observatory

P105B2
2800 East Observatory Road Los Angeles
1-213-473-0800
화~목요일 12:00~22:00
 토~일요일 10:00~22:00
 천문대 개방시간 14:00~22:00
 토~일요일 12:30~22:00
월요일(여름, 겨울 휴가 제외)
성인 4달러, 아동 2달러
www.griffithobs.org
1896년 12월, Griffith J. Griffith 장

발코니가 있고 사방에는 드레스를 입은 여신상이 둘러싸고 있는 것을 볼 수 있다. 이것은 세계 연예 문화의 융합을 상징한다고 한다. 4명의 여신상은 각각 미국의 섹시 영화배우 Mae West, 멕시코의 영화배우 Dolores Del Rio, 흑인 여배우 Dorothy Dandridge와 중국계 영화배우 Anna May Wong의 모습을 본따서 만든 것이다.

군이 이 부지를 기증하자 그의 이름을 따서 Griffith Park라고 불리게 되었다. 로스앤젤레스의 동북쪽에 위치한 이곳은 산 언덕의 지형을 이용한 다원화된 레저 센터라고 할 수 있다. 동물원, 노천극장(Greek Theatre), 운동 시설과 박물관, 그리고 유명한 그리피스 천문대 등이 있다.

　그리피스 천문대(Griffith observatory)는 캘리포니아에서 가장 큰 천문 망원경을 보유하고 있으며 레이져 쇼 공연을 하기도 한다. 천문대에서는 로스앤젤레스 시내를 내려다 볼 수 있다. 전문대의 오른쪽에 있는 기념비는 제임스 딘이 주연을 맡은 영화 『이유없는 반항』이 이곳에서 촬영된 것을 기념하기 위한 것이다. 공원의 가장 높은 지점에서는 헐리우드의 랜드마크인 「HOLLYWOOD」를 가까이 볼 수 있으며 사진을 찍기에 가장 좋은 위치이기도 하다.

리전트 비버리 월샤이어 호텔

Regent Beverly Wilshire Hotel

P132A2

9500 Wilshire Boulevard, Beverly Hills

1-310-275-5200, 1-800-545-4000

영화 『프리티 우먼』에서 줄리아 로버츠와 리차드 기어가 극적으로 만나 신데렐라가 공주로 변하는 동화 이야기가 펼쳐진 곳이 바로 로스앤젤레스 로데오 거리에 있는 리전트 비버리 월샤이어 호텔 (Regent Beverly Wilshire Hotel)

이다.

많은 여행객들은 비버리힐즈에 와서 가장 좋아하는 장소로 이곳을

무비 스타 홈 투어

Movie Stars Homes Tour

P104B1

차이니즈 극장 앞에서 출발.

1-323-463-3333

9:00~해가 질 때까지, 30분에 한 차례 출발.

12세 이상 37달러, 3세~11세 27달러.

www.starlinetours.com

헐리우드나 비버리힐즈의 주요 도로에는 스타들이 사는 동네의 지도를 파는 작은 가게들이 있다. 지도를 찾다보면 스타들이 현재 살고 있는 집이나 예전에 살았던 집을 찾을 수 있다. 이러한 집들은 보통 역사가 오래되어 고풍스러운 멋이

꼽는다. 1928년에 지어진 르네상스 색채가 가득한 이 건축물은 매력적인 풍채를 발산한다. 호텔 중앙 홀의 뒤쪽에는 전시 복도가 있어서 영화의 스틸컷을 전시하고 있으며 시계들을 전시해놓기도 한다.

살아있다. 프라이버시를 중시하는 일부 집주인들은 집 근처에 높은 나무들을 심어 볼 수 없도록 가리기도 한다.

「무비 스타 홈 투어」에 참가하면 운전사의 가이드를 따르게 되는데 비버리힐즈의 호화 저택을 눈앞에서 볼 수 있고 스타들의 스캔들과 소문을 들을 수도 있다.

무비 스타 홈 투어는 대부분 차이니즈 극장에서 출발한다. 먼저 차이니즈 극장 앞뜰에 있는 스타들의 발자국과 손자국을 구경하고 난 후 비버리힐즈, 벨-에어, 로데오 거리,

선셋 대로를 지나 헐리우드 사인에 간다. 니콜라스 케이지, 필 콜린즈, 다이애나 로스, 해리슨 포드, 리차드 기어, 바바라 스트레이센드 등 종 40여 채의 스타들의 집을 돌아본 후 끝으로 로데오 거리에 가서 가게를 구경하고 다시 차이니즈 극장으로 돌아오면 총 2시간 정도 소요된다. 투어 프로그램에는 Starlines Tours of Hollywood가 가장 유명한데 바로 차이니즈 극장 앞뜰에 티켓 판매소와 안내소가 있다.

쇼핑

로데오 거리
Rodeo Drive

P132A2

로스앤젤레스 시 중심가 서쪽의 비버리힐즈에 위치, Wilshire와 Santa Monica Boulevards 두 대로 사이.

영화 『프리티 우먼』에서 줄리아 로버츠가 선물가게 점원의 불친절한 대우를 받은 후에 리차드 기어가 그녀를 데리고 와서 화를 내며 항의했던 장소가 바로 로스앤젤레스의 그 유명한 로데오 거리 (Rodeo Drive)이다. Rodeo Drive는 비버리 힐즈에 위치하며

Chanel, Louis Vuitton, Tiffany, Bally, Gucci, Fendi, Giorgio Armani 등 명품점이 모여있다.

이 지역의 명품거리는 Wilshire Blvd., Little Santa Monica Blvd., Canon Drive 등 3개의 대로로 이루어진 황금삼각지대를 범위로 하며 일류 명품점이 가장 많이 들어서 있는 곳이다.

2 로데오 거리
2 Rodeo Drive

P132A2

Dayton Way와 로데오 거리가 만나는 곳.

제 2의 로데오 거리(2 Rodeo Drive)는 완만한 비탈의 둥근 돌멩이 길을 따라서 분위기 좋은 음식점과 노천 카페가 들어서 있다. 다른 한쪽의 스페인식 계단은 Kaplan Mc Laughin Diaz가 1990년에 설계한 것으로 관광객들이 걸음을 멈추고 구경하거나 머무르며 사진을 찍는 인기 장소이다.

2 Rodeo Drive의 명품샵에는 Instante & Versus, Bree, Porsche Design, Charles Jourdan, Cole-Haan 등이 있으며 그 중 Instante & Versus는 그리스 로마 스타일의 건물로 고급 남녀 패션을 주로 판매한다. Piazza Rodeo는 파리 스타일의 카페로 샌드위치, 스파게티 등의 패스트 푸드가 있다.

헐리우드 & 하이랜드 센터
Hollywood & Highland Center

P104B1

Metro 레드 라인을 타고 Hollywood & Highland역에서 하차.

6801 Hollywood Blvd. Hollywood

1-323-467-6412

월~토요일 10:00~22:00, 일요일 10:00~19:00

www.hollywoodandhighland.com

헐리우드 & 하이랜드 센터(Hollywood & Highland Center)는 6만 평방미터 넓이의 다원화된 오락 센터로 종합 쇼핑센터, 고급 식당, 호텔, 바, 볼링장과 극장 등이 있다.

광장 안에는 640개의 호화 객실이 있는 르네상스 헐리우드 호텔과 유명한 코닥 극장이 있으며 65개 이상의 세계 명품점도 모여있다.

센츄리 시티 쇼핑 센터
Century City Shopping Center

P132A2

10250 Santa Monica Boulevard at Avenue of the Stars

1-310-277-3898

월~금요일 10:00~21:00,
토요일 10:00~18:00,
일요일 11:00~18:00

www.westfield.com

센츄리 시티 쇼핑 센터(Century City Shopping Center)는 로스앤젤레스에 가장 처음 들어선 쇼핑센터 중 하나이다. 후에 Century City로 재건축되면서 레져와 쇼핑을 동시에 할 수 있는 곳으로 탈바꿈하였다. 이곳의 가장 큰 특징은 마치 쇼핑 거리처럼 개방형 공간 디자인을 채택하였다는 것이다. 주말이나 휴일에는 발 디딜 틈 없을 정도로 사람이 많다.

Century City Shopping Center에는 CK, Banana Republic, Guess, Gap, Coach, Joan & David, J. Crew 등이 입점해 있으며 디즈니 상점, Explore 매장과 뉴욕 박물관의 기념품점이 있다.

Explore 매장 안에는 TV, 비디오, 테이프 이외에도 교육적이면서 재미있는 장난감과 기념품이 많이 있다. Cashmere People과 Landau Costume Jewelry 등 흔하지 않은 브랜드도 쇼핑할 수 있다.

비버리 센터
Beverly Center

P104A2

8500 Beverly Blvd.

1-310-854-0071

월~금요일 10:00~21:00,
토요일 10:00~20:00,
일요일 11:00~18:00

www.beverlycenter.com

비버리 센터(Beverly Center)와 다른 쇼핑 센터와의 가장 큰 차이점은 주차장이다. 보통 주차장이 지하에 있는 것과 달리 비버리 센터의 주차장은 1층에서부터 5층까지에 이르며, 쇼핑센터는 1층과 6, 7, 8층에 있다.

Beverly Center는 Bloomingdale과 Macy's 두 백화점을 포함한다. 1층의 Macy's에서는 남성 의류를 전문적으로 판매하며 6, 7, 8층에는 Bloomingdale과 Macy's 외에도 많은 명품점이 있다.

Beverly Center는 유명 연예인들이 쇼핑을 하러 오는 곳이기도 하다. 이 쇼핑센터에 오는 연예인들은 보통 전속 코디들과 동행하여 온다.

Beverly Center에는 180개에 달하는 전문 매장이 있는데, 남녀 의류, 액세서리, 신발, 보석, 아동복, 음악, 안경, 가구, 애견샵, 서점도 있고 이 밖에 비버리 센터의 영화관 Cineplex Odeon Theaters와 푸드 코트도 인기가 많다.

이곳의 Hard Rock Cafe와 투명 에스컬레이터도 눈여겨 볼 만하다. 이곳의 Hard Rock Cafe는 미국 최초라고 한다. 부설된 가게에는 음악과 관련된 기념품 등을 판매하고 있다.

1층에서부터 6층까지 이어진 실외 투명 에스컬레이터는 톱니 모양의 외관으로 비버리 센터의 상징이 되었다.

멜로스 에비뉴
Melrose Avenue

P104A2

101번 고속도로를 경유하여 Melrose Ave. 출구로 나온 후 서쪽 방향으로 La Brea Ave. 입구로 가면 도착. 10번 고속도로를 이용한다면 La Brea Ave.로 나온 후 북쪽 방향으로 Melrose Ave.에 가서 왼쪽으로 가면 도착.

Highland Avenue와 La Cienga Boulevard사이

웨스트 헐리우드 지역의 멜로스 애비뉴(Melrose Avenue)에는 젊음의 패기가 넘쳐흐른다. 약 4km에 이르는 거리에는 No.7325의 「Off the Wall Antiques」와 No.7365의 「Red Balls」와 같은 각종 신기하고 기이한 상점들이 있다. 새롭고 과장된 장식과 다양한 종류의 상품은 사람들의 시선을 끈다. Melrose

Avenue는 80년대 전에는 그저 로스앤젤레스의 조용한 작은 거리였지만, 지금은 로스앤젤레스의 관광 명소가 되었다.

선셋 거리
Sunset Boulevard

P104A2

West Hollywood 시내에서 차로 약 50분 거리.

선셋 거리(Sunset Boulevard)

No.8589에서 No. 8720까지 이어지는 길 양쪽에는 D&G, Kenzo, Tracey, Ross, Phillip Press 같은 유명 브랜드 매장이 늘어서 있다.

노천카페에는 항상 개성있는 복장의 현지 주민이나 여행객들로 가득하다. 그래서 이곳에서는 쇼핑 이외에 지나가는 행인들의 옷차림을 감상하는 것도 매우 흥미롭다. 또한 이곳은 석양을 감상하기에 가장 멋진 장소이기도 하다.

No.8351의 「Carney's Express」는 버려진 객차를 음식점으로 개장하여 그 모양이 사람들의 이목을 끈다. Sunset Boulevard의 곳곳에서 볼 수 있는 대형 광고 간판과 서로 어울리며 독특한 광경을 조성한다. 메인 메뉴로는 핫도그, 햄버거, 멕시코 Taco 등이 있다.

🍴 식당

캘리포니아 피자 키친
California Pizza Kitchen

🔺 P104B1
🏠 6801 Hollywood Blvd., Hollywood & Highland, 2nd Level
☎ 1-323-460-2080
🕐 일~목요일 11:30~22:00, 금~토요일 11:30~23:00

헐리우드 하이랜드 센터 안에 위치한 캘리포니아 피자 키친(California Pizza Kitchen)은 주로 젊은 층이 많이 찾는다. 파라솔 아래의 노천 좌석에 앉아서 따사로운 캘리포니아의 햇살을 즐길 수 있으며 실내 좌석에서는 벽에 걸린 특이한 도안과 그림을 구경할 수 있다. 팬 피자에 진한 향기의 모짜렐라 치즈를 뿌리고, 말린 자마이카 닭가슴살과 사과나무 연기에 구운 베이컨, 채 썬 피망과 양파를 넣고 매콤 달콤한 특제 캐리비안 소스를 뿌린 「Jamaican Jerk Chicken Pizza」는 이곳의 추천 메뉴이다.

나파에서 온 신선한 양배추와 땅콩 분말, 양배추, 오이, 당근, 바삭바삭하게 튀긴 흰 쌀국수를 함께 비빈 후, 새콤하고 매운 맛의 태국식 땅콩 소스가 뿌려진 색색깔의 신선한 야채가 혼합되어 만들어진 「Thai Crunch Salad」는 양이 넉넉하며 맛도 일품이다.

Ⓗ 숙박

Super 8 Motel - Hollywood/L.A. Area

🔺 P105B2
🏠 1536 North Western Ave
☎ 1-323-467-3131
💲 2인실 69달러부터

Hollywood Inn Express North

🔺 P105B2
🏠 5131 Hollywood Blvd.
☎ 1-323-663-1243
💲 2인실 53달러부터

Hollywood City Inn

🔺 P105B2
🏠 1615 North Western Ave.
☎ 1-323-469-2700
💲 2인실 80달러부터

Highland Gardens Hotel

🔺 P105A2
🏠 7047 Franklin Ave. Hollywood
☎ 1-323-850-0536
💲 2인실 69달러부터
🌐 highlandgardenshotel.com

Westside Rentals Hollywood Hotel

🔺 P104B1
🏠 6364 Yucca St
☎ 1-323-466-0524
💲 2인실 88달러부터

산타모니카

Santa Monica

태평양 연안의 산타모니카는 태평양 해안 고속도로와 캘리포니아 10번 변경 국도의 교차 지점에 위치한다. 말리부와 베니스를 경계로 하며 해변의 4킬로미터 길이의 모래사장에서부터 육지의 왁자지껄한 밤의 거리까지 포함하고 있다. 400여 개의 레스토랑이 몰려있으며 상점, 백화점은 셀 수 없이 많고 영화관도 많이 들어서 있다.

◉ 명소

산타모니카
Santa Monica

✈ P132A2

🌐 www.santamonica.com

산타모니카는 1870년부터 해변 휴양지로 이름이 알려지기 시작하였다. 백 년에 가까운 역사를 지닌 산타모니카 부두는 산타모니카의 중요한 상징이다. 태평양 해안을 따라 앞으로 가면 거대한 산타모니카 부두의 표지판이 보이고, 광활한 태평양이 펼쳐진다. 양쪽의 넓은 주차창에는 새벽까지 주차를 할 수 있고 해변에서는 낚시, 산책, 자전거, 스케이트 등 실외 레져 활동을 하는 사람들을 발견할 수 있다. 경쾌하고 활기찬 분위기의 산타모니카를 마음껏 즐겨보자.

정보

◎산타모니카로 가는 방법

로스앤젤레스 시내에서 출발하여 10번 국도를 타고 서쪽으로 약 22 킬로미터 정도 간 다음 1번 고속도로로 갈아타면 터널 통과 후 얼마 안가 오른쪽에 바로 산타모니카가 있다. 로스앤젤레스 시내와 헐리우드에서는 Metro Rapid 버스 720번을 이용하여 산타모니카로 갈 수 있다.

◎여행자 서비스 센터

산타모니카 여행자 서비스 센터 Santa Monica Walk-in Visitor Information Center

1920 Main St, Suite B
1-310-393-7593
9:00~18:00
www.santamonica.com

퍼시픽 파크(Pacific Park)는 산타모니카 부두에 위치하며 대관람차, 롤러코스터, 바이킹, 범퍼카, 날으는 아기 코끼리와 회전 목마 등 11개의 놀이 시설이 있다. 가장 인기 있는 것은 30미터 높이의 대관람차로, 밤에는 특히 더 눈부시다.

퍼시픽 파크에 가까운 Mariasol 레스토랑은 부두의 끝에 위치한다.

이곳에서는 바다와 하늘의 모습뿐 아니라 석양이 지는 모습을 감상해 보자. 이 밖에도 부둣가의 패스트 푸드점, 카페와 해산물 레스토랑에서도 맛있는 음식을 맛보며 노을이 지는 바다의 경치를 감상할 수 있다.

베니스 해변
Venice Beach

P132A2

10번 국도를 타고 서쪽으로 간 후 405번 국도를 타고 남쪽으로 가서 Venice Blvd. 로 나와 직진하여 끝까지 가면 베니스 해변이 보인다. 산타 모니카에서 남쪽 방향으로 가도 된다.

www.venicebeach.com

베니스라는 도시는 20세기 초, 거물 담배상이었던 Abbot Kinney가 이탈리아의 베니스와 같은 도시를 만들고자 공연 예술과 교육에 있어서 미국식의 르네상스를 일으키고, 베니스와 비슷한 운하를 개통하였던 것에서 유래한다. 1905년 7월 4일 국경일에 3일에 걸쳐 열린 성대한 운하 개통식에는 이탈리아 베니스에서 들여온 곤돌라도 물에 띄워 이탈리아 베니스와 같은 모습을 재현했다.

현재 베니스는 가장 인기가 있는 거주지로 집값이 나날이 오르고 있으며 베니스 해변(Venice Beach)은 여행객들의 사랑을 받고 있다. 많은 사람들은 이곳에서 각종 해상 스포츠와 야영을 즐기기도 한다.

베니스 특유의 예술적 분위기를 느껴보려면 주말에 Ocean Front Walk에 가보아야 한다. 이곳에 와서 노는 사람들 중 대다수는 외국인 관광객이며 특히 유럽 관광객이 많다. 해변의 스페인풍 건물을 따라가면 작은 음식점, 각종 제품을 진열해놓은 쇼윈도 등이 있으며 거리의 예술가들이 마술쇼, 무언극, 노래, 춤공연 등을 한다.

베니스 사이드워크 마켓(Venice Sidewalk Market)의 표지판 아래에서 우회전을 하면 장터가 나타난다. 특이하고 신기한 수공예품, 액세서리 등이 대부분이며 판매자가 직접 그린 회화, 조각 등의 미술작품 등도 있다. 이곳에는 타투를 하는 가게가 상당히 보편적인데 각종 도안문자를 선택할 수 있다.

해변가는 비치발리볼, 자전거, 인라인 스케이트 등 실외 스포츠의 천국이다. 산타모니카에서 베니스까지 Ocean Ave.와 Pacific Ave.를 따라가면 도중에 태평양의 경치를 감상할 수 있을 뿐 아니라 다양한 색깔과 형태의 집과 여관들도 구경할 수 있다.

🛍 쇼핑

산타모니카 플레이스
Santa Monica Place

🔺 P132A2
🏠 395 Santa Monica Place
☎ 1-310-394-1049

🕐 월~토요일 10:00~21:00,
　일요일 11:00~18:00
🌐 www.santamonicaplace.
　com

　건축가 Frank Gehry가 설계한 산타모니카 플레이스(Santa Monica Place)는 거대한 흰색 지붕창이 포인트로, 비대칭적인 기법을 더해 밤에도 세련되고 현대적인 외관이 돋보인다.

　Santa Monica Place는 3층 높이이며 점유 면적이 굉장히 넓고, Colorado, Broadway, 2nd St.와 4th St.사이에 위치한다. Robinsons May와 Macy's 두 백화점과 Gap, Body Shop, Victoria's Secret 등 약 150개의 매장이 입점해 있다.

　신기한 물건들을 파는 코너도 많이 있어서 느긋하게 쇼핑할 수 있다. 푸드 코트에는 각국의 다양한 음식들을 선택할 수 있는데 가격이 3rd St.에 비해 저렴하다.

🛍 쇼핑

서드 스트리트 프로미네이드

3rd Street Promenade

P132A2
1351 3rd St. Promenade, Suite 201
1-310-393-8355
www.downtownsm.com

산타모니카에서 현지 거주민과 관광객들에게 인기가 많은 곳은 바로 서드 스트리트 프로미네이드 (3rd St. Promenade)이다. 산타모니카 플레이스가 있는 Broadway에서 Wilshire Blvd.의 전용 도보 구역까지이며, 길 양쪽에는 백 개가 넘는 가게와 레스토랑이 있다.

3rd St.의 양쪽에는 상점 말고도 4개 영화관의 17개 상영관이 있으며 75개의 음식점과 카페, 그리고 화랑과 서점 등이 있다. 보도 위에도 각종 잡동사니를 파는 가판대가 많이 있어, 헤어 액세서리, 선글라스, 기념품 등을 저렴하게 구입할 수 있다.

3rd St.의 거리 공연도 놓쳐서는 안 될 볼거리다. 특히 밤에는 뛰어난 실력을 지닌 예술가들이 길에서 자신의 재능을 뽐내거나 노래를 부르고 춤을 추기도 하면서 많은 사람들의 발걸음을 멈추게 한다. 길거리 공연은 이곳의 또 다른 특색이 되었으며 특히 주말에는 더욱 성행한다.

이곳이 쇼핑의 천국이라고 불리는 이유는 자신의 스타일을 실현할 수 있는 개성적인 물건들이 많기 때문이다. No.1440의 「Urban Outfitters」는 도시적인 스타일의 캐주얼을 위주로 하며 가격도 상당히 저렴하여 도시의 젊은이들이 좋아하는 옷가게이다. 대형 쇠기둥을 이용해 상점을 만들었으며 바닥에서부터 천장까지 이르는 대형 사각 유리도 이곳의 특색이다. 지하에는 개성있는 생활용품들이 있다.

No.1340에 위치한 「Jurassic」의 테마는 공룡의 뼈와 알 등 공룡과 관련된 기념품과 화석 유적이다. 약 2미터 깊이의 동굴에서 발굴한 곰 뼈와 5백여 개의 광물화석 등도 사람들의 눈길을 끈다.

식당

라이트 하우스 뷰페
Light House Buffet

 P132A2

 201 Arizona Ave., Santa Monica

 1-310-451-2076

 점심 메뉴
월~토요일 11:30~14:30,
일요일 12:00~15:00
저녁 메뉴
일~수요일 17:30~21:00,
목~토요일 17:30~21:30

 점심 메뉴 11달러 95센트부터, 저녁 메뉴 19달러 95센트부터

 www.lighthousebuffet.com

양의 제한 없이 먹을 수 있는 이 일본식 뷰페 레스토랑은 가격에 비해 훨씬 가치가 있다고 말할 수 있다. 일단 문을 들어서면 보이는 초밥 테이블에서 요리사가 즉석에서

만들어주는 초밥을 마음껏 먹을 수 있다. 뷰페에는 음식의 종류가 다양한데 가장 눈을 번뜩이게 하는 것은 홋카이도에서 온 대게이다. 각종 어류, 생새우, 치즈를 얹어 구운 조개 요리, 철판 소고기, 튀김, 연어, 생굴 등의 맛있는 음식이 있다. 과일, 탕 등은 셀프 서비스이다.

숙박

Holiday Inn Santa Monica

 120 Colorado Ave, Santa Monica

 1-310-451-0676

 2인실 171달러부터

 www.losangeleshotels.holiday-inn.com

The California Hotel, Santa Monica

 1670 Ocean Ave

 1-310-393-2363

 2인실 169달러부터

 www.hotelca.com

The Huntley Hotel Santa Monica Beach

 1111 Second St, Santa Monica

 1-310-394-5454

 2인실 256달러부터

Best Western Gateway - Santa Monica

 1920 Santa Monica Blvd

 1-310-829-9100

 2인실 132달러부터

 www.gatewayhotel.com

Venice on the Beach Hotel

 2819 Ocean Front Walk Venice,

 1-310-429-0234

 2인실 100달러부터

근교

Surrounding Area

뉴욕 등의 다른 대도시와 비교했을 때 로스앤젤레스의 내륙 지역은 상당히 광활하여 수많은 대형 건축 프로젝트를 수용하고 있다. 게다가 일 년 내내 햇살이 좋아서 실외 활동을 하기에 적합하다. 이곳은 영화와 연극, 관광 사업의 힘으로 관광객들이 끊이지 않는데 그중에서는 테마 파크가 큰 역할을 하고 있다. 유니버설 스튜디오, 식스 플래그 매직 마운틴, 디즈니 외에도 미국 전역에서 유일한 캘리포니아 어드벤쳐 랜드는 남녀노소 모두 재미있게 즐길 수 있는 곳이다.

◉ 명소

헐리우드 유니버설 스튜디오
Universal Studios Hollywood

🔺 P104B1

🧭 차로 101 Hollywood Freeway를 따라 가다가 유니버셜 센터 인터체인지에서 Universal Center Drive나 Lankershim Boulevard를 경유. 지하철 레드 라인을 이용하면 Universal City에서 하차.

🏠 100 Universal City Plaza, Universal City. 헐리우드와 San Fernando Valley 사이에 위치.

☎ 1-818-622-3801

🕐 하절기 8:00~22:00, 비수기 10:00~18:00

休 추수 감사절, 크리스마스

💲 One Day Pass 64달러, Front of Line Pass 109달러, VIP Experience 199달러, Southern California Value Pass와 샌디에고 아쿠아리움 세트 표는 99달러.

🌐 www.universalstudioshollywood.com

❗ Front of Line Pass는 빠른 통과 방식으로 내부의 각종 오락 시설을 체험할 수 있으며 공연장에서도 특별히 예약석을 마련해준다.

스튜디오 투어 Studio Tour

먼저 전차를 타고 영화 제작 현장과 촬영장을 관람하자. 소형 TV를 통해 영화 촬영 과정을 볼 수 있고, 직원은 마이크를 들고 열심히 설명해준다. 죠스가 물에서 갑자기 튀어나오는 것을 목격하거나 지하철역에서 대지진을 겪는 공포를 체험할 수 있고 『모세의 기적』처럼 바닷물이 갈라지는 특수 촬영 장면을 직접 볼 수도 있다. 이 밖에 세계 대전 등 전쟁 후의 참혹함도 체험할 수 있다.

위층 Upper Lot

• 슈렉 : 슈렉과 동키가 당신을 데리고 새로운 사차원의 세계를 경험하게 해줄 것이다.

• 애니멀 플래닛 라이브 : 애니멀 플래닛 채널의 라이브 TV프로그램으로, 영리한 동물 스타들이 공

연을 한다.

• 터미네이터 2 : 3D영화로 매우 실감나며 긴장을 늦출 수 없다. 거대한 스크린에 갑자기 나타나는 화면에 놀라 비명을 지르지 말자.

• 백 투더 퓨쳐 : 박사의 인솔 하에 미래로 넘어가는 시공의 진동을 체험할 수 있다. 특별히 제작된 입체 영화는 당신을 타임머신에 태우고 화산 폭발과 눈사태, 공룡 등의 장애물을 통과한다.

• 니켈로디언 블레스트 존 : 어린이들이 가장 좋아하는 곳으로 하늘에서 쏟아지는 물, 해면들의 전쟁은 온 몸을 젖게 만든다.

• 반 헬싱 포트리스 드라큘라 : 영화 포트리스 드라큘라를 주제로 음산한 촬영 스튜디오, 핏자국이 가득한 지하 무덤 구덩이와 꿈틀대는 흉악한 시체를 지난다.

아래층 Lower Lot

• Revenge of the Mummy(미이라의 복수) : 피라미드의 벽에는 이집트 토템과 문자가 새겨져 있고 홀에는 영화 속의 도구와 스틸컷 등이 비치되어 있다. 캘리포니아에서 가장 빠른 실내 롤러코스터

를 타고 무섭고 실감나는 세계로 들어간다.

• 분노의 역류 : 하늘을 찌르는 불길이 눈앞으로 밀려온다. 건축물들이 소리를 내고 무너지면 마치 화재 현장에 있는 것 같이 느껴진다.

• 쥬라기 공원 : 1996년 여름에 개장한 쥬라기 공원은 면적이 약 2만 4천 평방미터나 된다. 가장 인기있는 것은 작은 배를 타고 숲을 탐험하는 것으로 살아있는 것 같은 작은 공룡 말고도 25미터 높이의 폭포가 쏟아져 내린다. 첫째 줄에 앉게 된다면 물에 젖지 않게 조심해야 한다.

공연 Show

유니버설 스튜디오에서는 다양한 공연을 무료로 관람할 수 있다. 시간표는 안내 가이드에 자세히 표시되

어 있다. 공원 내의 간판에도 상세
한 시간이 나와 있는데 워터 월드
와 서부 카우보이 쇼 등은 인기가
많으므로 여행객들은 미리 들어가
자리를 잡아 놓는 것이 좋겠다.

워터 월드에는 환상적인 수상 전
쟁과 터보 젯의 수상 스키 공연 등
이 포함되며 비행기가 충돌하여 폭
발하는 등 강렬한 불꽃 효과를 보
여준다.

시티 워크 City Walk

유니버설 스튜디오와 그 옆의 시
티 워크는 밝고 활기찬 분위기의
상점, 음식점, 영화관, 대형 표지판
으로 관광객들을 불러 모은다. 로
스앤젤레스에서 상당히 인기있는
오락 휴양지로, 낮에 신나게 놀았
다면 저녁에는 시티 워크 지역으로
가보자. Hard Rock Cafe의 큰 기
타, 유니버설 원형 극장 등은 모두
기념사진을 찍고, 쇼핑하고 식사를
하기 좋은 곳이다.

A
B
210
Foothill
405
170
San Fernando Valley
Burbank Airport
버뱅크 Burbank
Golden State
5
그랜데일 Glendale
2
1
101 Ventura
FWY
101
134
101
5
134
405
Hollywood
5
FWY
Glendale
비버리힐즈 Beverly Hills
Hollywood
FWY
2
Pasadena
게티 센터 Getty Center
로데오 거리 Rodeo Drive
리젠트 비버리 윌샤이어 호텔 Regent Beverly Wilshire Hotel
H
101
Brebtwood
Wilshire
Blvd
110
10
Pacific Palisades
1
Santa Monica
FWY
10
다운타운 Downtown Los Angeles
서드 스트리트 프로
Monica
센츄리 시티 쇼핑 센터 Century City Shopping Center
60
2
산타모니카 광장
10
5
산타모니카
San
로스앤젤레스 Los Angeles
산타모니카부두 Santa Monica
90
Diego
인글우드 Inglewood
110
베니스 Venice
Marina Del Rey
FWY
105
Los Angeles Int'l Airport
Century
3
El Segundo
405
Manhattan Beach
91
710
Hermosa Beach
토런스 Torrance
San
Redondo Beach
Diego
FWY
1
태평양 Pacific Ocean
110
710
4
팔로스 버디스 Palos Verdes
산 페드로 San Pedro
롱 비치 Long Beach
기호
명소
공항
숙소
쇼핑
식당
인포메이션 센터
도로
태평양 Pacific Ocean
N
5
A
B

로스앤젤레스 근교

근교
로스앤젤레스

명소

C
D

210 FWY
샌 가브리엘 산
San Gabriel Mountains
210 Foothill
134
패서디나
Pasadena FWY
아카디아
Arcadia FWY
Pasa dena 110
605
210

10
FWY San Bernardino FWY
10
710
Pomona FWY
60 60
5
시타델 아울렛 컬렉션
Citadel Outlet Collection
베스트웨스턴
익스큐티브 호텔
Pomona
60 FWY
Santa Ana
몬테벨로
플라자 호텔
5
휘티어
Whittier
605
로스앤젤레스 카운티
Los Angeles County
오렌지 카운티
Orange County 57
105 FWY
710 FWY
풀러턴
Fullerton
Orange Fwy
Artesia FWY
91
5
91
Riverside FWY
Santa
91
부에나 파크
Buena Park
605
Long Beach Airport
Travelodge Anaheim at
Disneyland Drive 디즈니랜드
Anaheim
57
1
크리스탈 성당
405
Ana
5 FWY
Garden
22
Orange
Grove
County
FWY
San Diego Fwy
1
헌팅턴 비치
Huntington Beach
405
55
John Wayne
(Orange County Airport)
73
1
태평양
Pacific Ocean
뉴포트 비치
Newport Beach
Balboa
Corona
Del Mar
Laguna
Beach
C
D

게티 센터
Getty Center

P132A1

차를 이용할 경우 10번 국도에서 405번 국도로 빠진 후 「Getty Center Drive」 아래 인터체인지에서 다시 도로 표지판을 따라가면 된다. Metro 버스 761번은 게티 미술 센터 Sepulveda Boulevard의 메인 게이트에서 정차한다.

1200 Getty Center Drive, 로스앤젤레스 시내에서 서북쪽으로 약 20킬로미터 떨어진 곳. San Diego Freeway(Interstate 405)와 Santa Monica Freeway(Interstate 10)가 만나는 지점에 위치.

1-310-440-7300

화~목요일, 일요일 10:00~18:00, 금~토요일 10:00~21:00

매주 월요일, 미국 국경일, 추수 감사절, 크리스마스

무료

www.getty.edu

차를 운전해서 갈 사람은 반드시 미리 주차할 자리를 예약해야 한다. 주차비는 7달러이다.

로스앤젤레스 서쪽 말리부의 게티 미술 센터(Getty Center)는 미국 석유의 대가 J. Paul Getty(1892-1976)의 유산이다. 기금회의 적극적인 협조 덕분에 1984년 10월 26일 미국의 유명 건축가 Richard Meier의 설계도가 완성되었고 1990년 10월 9일에 공사가 시작되어 1997년에 완공되었다.

이곳을 관람하기 위해서는 반드시 전용 전차(Getty Center Train)에 탑승해야 하는데, 소요시간은 약 5분 정도이다. 천천히 산비탈을 올라가면 길을 따라 펼쳐지는 경치와 도로에서 달리는 자동차들을 내려다 볼 수 있다. 하차 후에는 계단을

따라 게티 센터로 들어간다.

게티 미술 센터는 마치 산비탈 위에 있는 하얀 성 같다. 입구에 들어서면 눈앞에 펼쳐지는 것은 직경 22미터, 3층 높이의 거대한 홀이다. 홀 안에서는 방들로 둘러싸인 정원을 볼 수 있다. 설계사 Meier는 각기 다른 시대를 넘나드는 전람실과, 관람객들이 자연을 접촉하고 하늘을 품에 안을 수 있는 독창적인 공간을 설계하였다.

게티 미술 센터는 작품의 연대에 따라 소장품을 분류하여 전시하는데 고대 그리스 로마시대의 대리석 조각, 9~16세기의 수사본, 13~20세기의 유럽 회화, 17세기 중엽~18세기 말의 프랑스식 가구와 르네상스 시기의 명화, 그리고 후기 인상파 시대의 유명 미술가들의 작품 등이 그것이다.

전시관 건축물도 전시품의 연대에 따라 구역이 나뉜다. 17세기 이전의 「북관」, 17세기~19세기 미술의 「동관 & 남관」, 19세기 후 미술의 「서관」과 안내데스크 센터, 그리고 기념품 가게에서 멀지 않은 곳에 입구 전시실이 있다.

실내의 부드러운 조명은 미술품의 질감을 돋보이게 하는데 이 또한 Meier의 세심한 설계 덕분이다. 옅은 갈색, 거친 느낌의 석회암 소재로 외관을 꾸며 전체적으로 조화롭다. 영원성을 상징하는 석자재는 예술의 영원성과도 잘 어울린다.

가장 인기가 많은 「화원 테라스 카페」에 가서 커피 한 잔 마시는 것을 잊지 말자. 조경 건축가 Laurie Olin이 만든 「중앙 화원」은 사람들의 감탄을 자아낸다. 캘리포니아와 고대 지중해 화원 스타일을 접목하여 대자연의 조화를 이루고 있으며, 인공 폭포와 400송이의 진달래꽃으로 구성된 미궁도 볼 수 있다. 이곳에서는 로스앤젤레스의 스카이라인과 높이 솟은 게티 미술 센터를 감상할 수 있다.

디즈니랜드
Disneyland Park

P133D4

로스앤젤레스 국제 공항에서 디즈니랜드로 가는 버스를 타면 약 40분 정도 소요된다. 직접 운전을 한다면 5번 국도(Santa Ana Fwy.)의 Harbor Blvd. 인터체인지에서 디즈니랜드 표지를 따라간다. 시내의 Figueroa St.에서 MTA 460번 버스를 타고 가면 약 2시간 정도 소요.

1313 South Disneyland Drive, Anaheim CA92802

1-714-781-4565

성수기 9:00~24:00, 비수기 9:00~20:00, 디즈니 캘리포니아 어드벤쳐 파크 10:00~18:00

디즈니랜드는 티켓 한 장으로 끝까지 사용하며 하루 이용권(Single-Day Theme Park Tickets) 성인 66달러, 3~9세 56달러. 디즈니랜드와 캘리포니아 어드벤쳐를 이용할 수 있는 이용권(Hopper ticket)은 1일 이용권(One-Day Park Hopper ticket)은 성인 91달러, 3~9세 81달러이며, 2일 이용권은 성인 132달러,

3~9세 112달러.

www.disneyland.com

줄을 서서 기다리기 싫다면 놀이 시설 앞에 「FAST-PASS」가 있다. 티켓을 기계 안으로 넣기만 하면 자동으로 이용할 수 있는 예상시간이 나온다. 이용고객은 티켓 위에 표시된 시간에 다시 돌아오면 된다.

1955년 개장 후 지금까지 캘리포니아 디즈니랜드(Disneyland Park)는 전세계적으로 유명한 테마 파크이다. 「Disneyland Resort」의 범위는 디즈니랜드, 디즈니 캘리포니아 어드벤쳐 파크와 휴양 호텔을 포함한다. 매우 넓은 면적의 이곳은 각각 다른 특색을 지닌 8개의 테마 구역으로 나뉜다.

투모로우 랜드
Tomorrowland

기발한 상상력으로 미래를 표현하는 곳이다. 관광객들은 고속으로 나아가는 로켓을 타고 「Astro Orbitor」의 궤도 위에서 빠른 속도로 달린다. 하늘과 땅이 뒤집히는 듯한 3D 입체 영화, 소리를 내며 광활한 우주를 지나가는 롤러 코스터 「Space Mountain」은 여전히 메인 놀이 시설이다.

USA 스트리트
Main Street USA

백여 년 전 미국의 모습을 본따 만든 USA 스트리트는 디즈니의 여러 테마 파크로 들어가는 첫 번째 역이다. 「시간 터널」을 지나볼 수도 있고 디즈니에서 서비스 시설과 상점, 음식점이 가장 많은 구역이기도 하다.

프론티어 랜드 Frontierland

미국 초기의 서부 개척시대가 배경이다. 가장 인기가 많은 것은 「Big Thunder Railroad」로, 광산

차 같은 롤러 코스터를 타고서 붉은색 바위가 널려 있는 강바닥과 공룡의 갈비뼈 사이를 통과하고 마지막으로 거대한 바위가 굴러 떨어지는 산사태를 체험할 수 있다.

판타지 랜드 Fantasyland

디즈니랜드의 중앙에 우뚝 솟아 있는 잠자는 숲속의 공주의 성은 디즈니랜드의 상징이다. 그중 「It's a Small World」는 디즈니랜드 최고의 작품이다. 「Matterhorn Bobsleds」는 썰매를 타고 산봉우리를 뛰어 넘는 특별한 경험을 해볼 수 있다. 구불구불한 산길을 따라 미끄러져 내려오는 짜릿함은 정말 최고이다.

어드벤쳐 랜드 Adventureland

1995년에 개장한 「Indiana Jones Adventure」는 사람들의 입에 오르내리는 「레이더스」 시리즈에서 소재를 얻은 것으로 숲과 들에서의 탐험 과정을 보여준다. 어린이들의 사랑을 듬뿍 받고 있는 「Tarzan's Treehouse」에서는 나무집이 열대 숲의 높은 나무들에 둘러싸여 있다.

미키마우스 마을 Mickey' s Toontown

이곳은 미키마우스와 친한 친구들의 정원이다. 미키와 미니의 집을 구경할 수 있으며 그들과 사진을 찍을 수 있는 기회도 있다. 미키 마을의 모든 건축물은 다양한 색깔에 모양도 선명하고 대담하다. 카툰 캐릭터들이 자주 이곳에 나타나므로 사인북을 사서 그들에게 사인을 받도록 하자!

크리터 컨츄리 Critter Country

디즈니 만화 속의 동물 캐릭터는 이곳에서 가장 많이 팔리는 것이다. 항상 사람들의 비명을 자아내는 「Splash Mountain」에서는 작은 나무배를 타고 강을 따라 이동하다가 진짜와 똑같은 폭포에서 90도 수직으로 아래를 향해 내려간다.

뉴올리언스 스퀘어 New Orleans Square

루이지애나주의 뉴올리언스시에 남아있는 프랑스 식민 문화를 살펴볼 수 있는 곳이다. 그중 프랑스풍의 노천 카페 좌석은 전망이 좋은 것으로 유명하다. 「Pirates of the Caribbean」의 배에 탄 여행객들과 손을 흔들며 인사할 수도 있다. 저녁의 뉴올리언스 광장은 Fantasmic을 감상하기에 가장 좋은 장소이다.

디즈니 캘리포니아 어드벤쳐 파크 Disney' s California Adventure Park

디즈니랜드와 가까이 있는 약 22만m² 면적의 놀이공원이다. 각종 짜릿하고 재미있는 놀이 시설이 들어서 있고 총 3개의 구역으로 나뉜다. 태양 해안의 「Paradise Pier」에서는 「California Screamin」이 가장 인기가 많다. 뮤지컬, 3D 만화와 극장 공연을 중점으로 하는 「Hollywood」극장에서는 '벅스 라이프'의 3D 특수효과 영화가 어린이들의 많은 사랑을 받는다. 이밖에 자연, 항공, 와인의 고장과 농업을 테마로 한 「Golden State」가 있다. 「Ariel's Grotto」 레스토랑에서는 진짜 사람이 분장한 백설공주, 인어공주가 당신과 함께 식사를 즐길 것이다.

식스 플래그 매직 마운틴
Six Flags Magic Mountain

◆ P8B5

● 5번 국도에서 북쪽 Sacramen-to 방향으로 간 후Magic Mountain Pkwy에서 인터체인지로 들어선다. 로스앤젤레스에서 출발하면 약 40분이 소요.

⌂ 26101 Magic Mountain Parkway Valencia, California 91355

☎ 1-661-255-4103, 1-661-255-4100

⊙ 10시부터, 폐장 시간은 계절에 따라 다름.

$ 성인 40달러 99센트, 아동 20달러 50센트, 주차비 7달러. 만약 잠시 놀이공원을 떠나려면 출구에서 손목에 전용 도장을 찍으면 당일에는 다시 안으로 들어올 수 있다.

🌐 www.sixflags.com

식스 플래그 매직 마운틴(Six Flags Magic Mountain)은 미국에서 상당히 인기가 많은 테마 파크이다. 스릴 만점의 짜릿한 롤러코스터가 특히 유명한데, 현재 17종류의 롤러코스터가 운행되고 있고 주차장에서도 멀리서 들리는 비명 소리를 들을 수 있다.

여기에서는 360도 회전하는 건 조금도 신기한 일이 아니고 발 디딜 곳이 없는 것도 예삿일이다. 서서 타는 롤러코스터도 있어 진정으로 당신의 담력을 시험할 수 있다. 「The Riddler's Revenge」에 와서 직접 매직 마운틴의 매력을 느껴보자.

식스 플래그 플라자
Six Flags Plaza

기념품 가게와 음식점이 있는 장소로 놀이공원의 입구에 위치한다. 이곳의 물품 보관소에서 관람객의 개인 물품을 보관할 수 있다.

바자 라이지 Baja Ridge

이곳에는 최초로 만들어진 전 세계에서 가장 큰 롤러코스터 Viper가 있다. 초록색의 차체는 붉은 벽돌색의 궤도 위에서 빠르게 달리며 최소 3번 이상 360도 회전을 한다.

Revolution은 시속 60km의 속도로 369도 수직 회전을 한다.

싸이클론 베이 Cyclone Bay

Cyclone은 고전적 느낌이 가득한 목제 롤러코스터이다. 담력을 시험해 보기 위해 도전할 만한 또 다른 것은 Dive Devil로, 사람을 45미터 높이의 공중으로 끌어올렸다가 곧바로 아래를 향해 밀어낸다. 여행객들은 시속 60Km의 속도로 공중에서 4, 5회 왔다 갔다 한다.

더 무비 디스트릭트 The Movie District

세계에서 가장 높고 가장 빠른, 서서 타는 롤러코스터 The Riddler's Revenge는 미국 젊은이들이 매직 마운틴에 와서 가장 먼저 달려가 줄을 서는 놀이기구이다.

Freefall Satellite Tower는 몇 초 내에 10층 높이에서 매우 빠른 속

도로 지면에 도착한다. Sher Action Set은 매직 마운틴 최초의 롤러코스터로 1971년에 만들어졌다.

고담 시티 백랏 Gotham City Backlot

배트맨을 주제로 한 Gotham City Backlot에서 가장 인기를 끄는 것은 바로 Batman The Ride이다. 초고속 회전을 많이 하기 때문에 옆에 서있기만 해도 눈이 어지러울 정도이다.

식스 플래그 허리케인 하버 Six Flags Hurricane Harbor

대략 5월에서 9월 여름에만 개방한다. 후룸 라이드, 미끄럼틀, 레이지 리버 등 여러 가지 시설이 있다. 매직 마운틴의 입장권과는 다르니 비교적 저렴한 통합 티켓을 살 수 있다.

크리스털 성당
Crystal Cathedral

P133D4

12141 Lewis St, Garden Grove, CA92842

1-714-971-4000

www.crystalcathedral.org

캘리포니아주 오렌지카운티에 위치한 크리스털 성당(Crystal Cathedral) 설계자는 미국 건축의 대가 Philip Johnson이다. 광장의 가운데에 높이 솟아 있으며 오색찬란한 조경과 수만 장의 유리로 이루어진 탑의 외관은 낮에는 파란 하늘의 구름을 반사하고 저녁에는 석양의 아름다운 경치를 비추는데, 그 모습은 정말 비할 데 없이 아름답다.

높은 탑 안에는 크리스털 유리로 만든 예수의 조각상이 있으며, 중앙 연못의 12개의 분수와 화원의 모습은 매우 아름다워서 마치 천국에 온 것 같은 느낌을 갖게 한다.

쇼핑

데저트 힐 프리미엄 아울렛
Desert Hills Premium Outlet

P9C5

10번 국도에서 Palm springs 방향으로 가다가 Field's Rd 인터체인지에서 하차. Palm springs에서 약 20분 정도 소요.

48400 Seminole Drive, Cabazon, CA92230

1-951-849-6641

일~목요일 10:00~20:00, 금요일 10:00~21:00, 토요일 9:00~21:00

www.premiumoutlets.com

데저트 힐 프리미엄 아울렛(Desert Hills Premium Outlet)은 로스앤젤레스에서 팜 스프링스로 가는 도중의 Cabazon에 위치한다. 운전을 해서 가기에 상당히 편리하며 로스앤젤레스 시내에서 약 1시간 정도 소요된다. 이곳에서는 25%에서 65% 할인된 가격으로 쇼핑할 수 있다. Desert Hills는 동쪽과 서쪽의 두 곳으로 나뉘는데 130여개의 매장이 입점해 있고 푸드 코트에서는 다양한 음식들을 맛볼 수 있다.

넓고 아름다운 외관의 쇼핑센터는 상당히 많은 인기를 끌고 있다. 비록 이월 제품들이지만 가게마다 물품이 잘 진열되어 있고 정가와 판매가가 눈에 띄게 표시되어 있다. 보통 이월 상품은 유행이나 사이즈별로 가격이 달리 책정된다. 유행을 타지 않는 옷일수록, 사이즈가 완비된 옷일수로 비싼 편이다. 일반적으로 원래 정가의 60~70%정도이며 30~40%까지 싼 것도 있다.

이곳에는 Coach, Dolce & Gabbana, Escada, Giorgio Armani, Gucci, Max Mara, Polo Ralph Lauren, Prada, Miu Miu 등 매장이 있으며 Burberry, Donna Karan 등도 많은 사람들이 찾고 있다.

시타델 아울렛 컬렉션
Citadel Outlet Collection

P133C2

로스앤젤레스 시내에서 5번 국도를 타고 Washington Blvd. 인터체인지에서 왼쪽으로 돌아 Telegraph Rd.로 진입하면 바로 Commerce Casino가 보인다. 1분 안에 Citadel Outlet Collection에 도착.

100 Citadel Drive, Suite 480

1-323-888-1724

월~일요일 10:00~20:00

www.citadeloutlets.com

마치 고대 아시아의 요새와 비슷한 시타델 아울렛 컬렉션(Citadel Outlet Collection)은 로스앤젤레스에서 가장 주목을 받는 이월상품 쇼핑센터이다. 비록 규모는 데저트 힐(Desert Hill)보다 작지만 시내에서 비교적 가깝고 또 카지노가 옆에 있어서 시간이 부족한 쇼핑족들에게 또 다른 멋진 쇼핑장소가 된다.

이곳에는 총 40여 개의 이월제품 명품점이 입점해 있으며 최대 70%까지 세일한다. Benetton, Ann Taylor, Old Navy, Eddie Bauer, Joan & David 등이 유명하고 푸드 코트와 호텔도 있다.

식당

추스 옥 인 차이니스 레스토랑
Chu's Wok Inn Chinese Restaurant

P133D4
13053 W. Chapman Ave., Orange, CA(at Haster)
1-714-750-3511
일~목요일 11:00~22:00, 금~토요일 11:00~22:30

크리스털 교회에서 멀지 않은 곳에 위치한 이 차이니즈 레스토랑은 1979년에 개업하였다. 모양, 맛, 향 모두가 일품이어서 현지 화교 사회에서 유명할 뿐 아니라 일본과 유럽, 미국 여행객들이 자주 들르는 곳이기도 하다. 디즈니랜드에 가면 꼭 한 번 들러보자.

중국 궁전의 옛 모습과 분위기를 그대로 간직한 인테리어에 금사자, 청화자기 꽃병, 회화 병풍 등이 상당히 고상하며 운치가 있다. 이곳에서 가장 인기 있는 메뉴는 돼지고기에 설탕, 간장, 파를 곁들여 달콤 짭짜름하게 구워 먹는 「바베큐 포크 & 두부요리」이다. 「절인 콩 & 조개요리」는 큰 조갯살과 고추, 양파, 버섯, 생새우를 재료로 하여 다채로운 색깔이 사람들의 식욕을 돋우어 준다. 그리고 바삭하게 튀긴 「Salt & Pepper Chicken Wings」는 육질의 맛이 향기롭고 부드러워 많은 사람들이 찾으며 안주로도 인기가 좋다. 이밖에도 채식가들을 배려하여 만든 「비취 버섯요리」는 새송이 버섯, 청경채, 두부 등의 재료를 사용하였는데, 먹어보면 개운하고도 맛있으며 느끼하지 않다.

비비 킹 블루스 클럽
B.B. King's Blues Club

P105A1
1000 Universal Center Drive, Ste. 222, 유니버설 스튜디오 씨티 워크에 위치. 주차장에서 나온 후 2층에서 좌회전하면 도착.
1-818-622-5464
평일~1:00, 주말에는 2:00까지 연장

블루스의 왕(The King of Blues)이라고 불리는 흑인 기타리스트 B. B. King은 음악계에서 존경을 받았으며 모던 블루스와 록음악의 발전에 있어서 아주 중요한 역할을 하였다. 그의 일렉트릭 기타 「Lucille」에 대한 조예는 그 누구도 뛰어넘을 수 없다. B. B. King의 본명은 Riley King으로 원래 예명은 Beale Street Blues Boy였다. 후에 B. B. King으로 바꾸었고 이름으로 유명해졌다.

유니버설 스튜디오 씨티 워크가 운영하는 비비 킹 블루스 클럽(B. B. King's Blue's Club)의 가장 큰 특징은 바로 레스토랑 바깥에 높이 걸려있는 거대한 기타 Lucille이다. 요리는 남방요리를 위주로 하며 메기 튀김, 특제 미시시피 파이 등이 있다.

B.B. king's Blue's Club에서 블루스 음악은 단연 빼놓을 수 없다. 매일 밤마다 유명 가수의 라이브 연주가 있어서 음악팬들의 귀를 즐겁게 해준다.

트래블로지 애너하임 앳 디즈니랜드 드라이브
Travelodge Anaheim at Disneyland Drive

P133D4

Anaheim Resort Transit을 타고 디즈니랜드로 간다. 도보로는 약 3분 정도 소요된다. 역으로 가서 디즈니랜드 전용차를 이용한다.

1057 West Ball Road, Anaheim, CA

1-714-774-7600, 객실 예약 1-800-222-3638

2인실 66달러부터

디즈니랜드에서 차로 5분 거리에 있는 포근한 분위기의 이 호텔에는 총 95개의 객실이 있다. 밤중에 창문을 닫고 형광 조명등을 켜면 객실 천장에는 반짝이는 별들이 나타나서 원래는 「Stardust」라고 불렸다.

호텔에는 책과 신문이 있는 서가와 무료 인터넷 설비가 마련되어 있으며 매일 빵, 토스트, 씨리얼과 커피, 홍차 등의 아침식사를 제공한다.

방에는 전자레인지, 냉장고, 커피포트, 다리미판 등의 설비가 있고 당일 아침 신문배달 서비스를 제공한다. 실외의 수영장, 저쿠지(Jaccuzzi) 등은 무료로 이용할 수 있다.

베스트 웨스턴 몬테벨로 플라자 호텔

Best Western Montebello Plaza Hotel

P133C2

7709 Telegraph Road, Montebello,CA

1-323-724-1400, 객실 예약 1-800-300-5110

2인실 79달러부터

www.bestwestern.com

로스앤젤레스에서 차로 약 30분 거리에 위치한다. 햇빛이 은은하게 들어오는 채광 유리, 꽃 자수의 도안, 동양화 풍의 회화, 중국식 앤틱 가구와 더불어 프론트 뒤편의 미국풍 벽화가 어우러져 동서양의 분위기를 모두 갖추고 있다.

1930년대 올드 아메리카 스타일의 「Oasis Restaurant」은 절대 그냥 지나칠 수 없는 곳으로, 바 옆에는 손 때가 묻어보이는 주크박스가 있다. 가장 멋진 부분은 벽에 있는 각양각색의 모자이크 타일 벽장식으로, 귀엽고 익살맞은 그림과 함께 오색빛깔의 구슬 장식이 있다.

이곳의 아침식사는 추천할 만하다. 멕시코식의 「Huevos Rancheros」와 「Breakfast Burrito」는 6달러 25센트부터인데, 양이 푸짐한 데다가 맛또한 일품이다.

뒤편의 수영장 주위에는 모자이크 타일로 만든 자리가 마련되어 있다. 사람들을 즐겁게 해주는 것은 바로 호텔 사장이 이름 지은 「Lily Wong's Throne of Oasis」이다. 수영을 하려는 사람들은 이곳에 앉아 일광욕을 즐긴다.

베스트 웨스턴 이그제큐티브 호텔
Best Western Executive Inn

 P133D2

 60번 고속도로에서 Nogales St.출구로 나와 북쪽으로 한 블록 가서 Gale Ave.에서 좌회전.

 18880 Gale Ave., Rowland Heights, CA

 1-626-810-1818, 1-800-874-2858

 2인실 89달러부터

 www.bestwestern.com

 1988년에 오픈하였으며 사우스 캘리포니아주의 중요한 비즈니스 중심지인 Rowland Height의 정중앙에 위치한다. 로스앤젤레스에서 차로 약 30분정도 걸린다. 총 135개의 객실이 있으며 객실 내에는 소파, 전자레인지, 드라이기, 커피포트, 티백 등이 마련되어 있고 인터넷을 무료로 이용할 수 있다. 호텔 로비의 비즈니스 센터에도 컴퓨터가 준비되어 있다.

 호텔에서는 커피와 빵을 포함한 조식을 제공하며 특별히 죽도 준비해준다. 호텔 내에는 수영장과 온천이 있어서 숙박객들이 사우스 캘리포니아의 따스한 햇볕을 만끽할 수 있다.

 2분도 채 안 되는 매우 가까운 거리에 작은 쇼핑센터가 있다. 슈퍼마켓, 일식, 베트남식, 홍콩식 레스토랑이 있어 취향에 따라 골라 먹을 수 있다.

시애틀 _{Seattle}

시애틀 Seattle

강과 산이 공존하는 시애틀은 진한 커피 향을 풍기는 도시이다. 땅이 비옥하고 바다가 맑은 아름다운 자연환경을 자랑하는 동시에, 첨단기술의 대명사인 소프트웨어 기업 마이크로 소프트가 바로 시애틀에서 탄생하였고 항공기를 만드는 보잉사도 이곳에 공장을 지었다. 국제 배송서비스 UPS도 이곳에 터를 잡았다.

부둣가의 해산물을 맛볼 수 있는 기회는 절대로 놓치지 말자. 왕새우, 생굴, 털게 등이 풍부하게 생산되는 시애틀에서 가장 맛이 좋은 Chowder를 먹어보지 않으면 평생 후회가 될지도 모르겠다. 커피를 좋아한다면 시애틀의 여러 카페를 둘러보는 것도 좋다.

정보

◎시내 교통

1. 메트로 버스 Metro Bus

노선과 차량수가 많은 Metro Bus는 거의 모든 관광지를 경유한다. 시내에는 또 무료 탑승 구간(Ride Free Area)이 있어서 6:00~19:00에는 무료로 탑승이 가능하다.

무료 탑승 구간 이외의 장소는 두 개의 구간으로 나뉜다. 하차 시에 미리 동전이나 지폐를 준비하여 통에 넣으면 운전기사가 환승권을 한 장 주는데, 이것을 기준으로 90분 안에 무료로 다음 버스를 이용할 수 있다. 하차 시에 이 환승권을 운전기사에게 주면 돈을 낼 필요가 없다.

⏱ 5:30~1:00

	구간1 (무료 탑승 구간 포함)	구간2 (시내-시외)
러시아워 6:00~9:00, 15:00~18:00	성인 1달러 50센트 소인(5~17세) 50센트	성인 2달러 소인(5~17세) 50센트
평상시 9:00~15:00, 18:00~6:00	성인 1달러 25센트 소인(5~17세) 50센트	성인 1달러 25센트 소인(5~17세) 50센트

🚍 transit.metrokc.gov

2. 메트로 버스 터널 Metro Bus Tunnel

복잡한 출퇴근 러시아워를 피하기 위해 시 정부는 시 중심 지하에 터널을 뚫어서 Jackson St.와 9th Ave.를 지나는 Metro Bus를 지하 터널로 통행하도록 만들었다. 시내에는 모두 5군데의 Metro Bus 정류장이 있는데 각각 International District, Pioneer Square, University St., Westlake Center, Convention Place이다. 터널 Metro Bus는 시내의 무료 승차 구간 내에서만 운행하기 때문에 승하차 시에 모두 돈을 낼 필

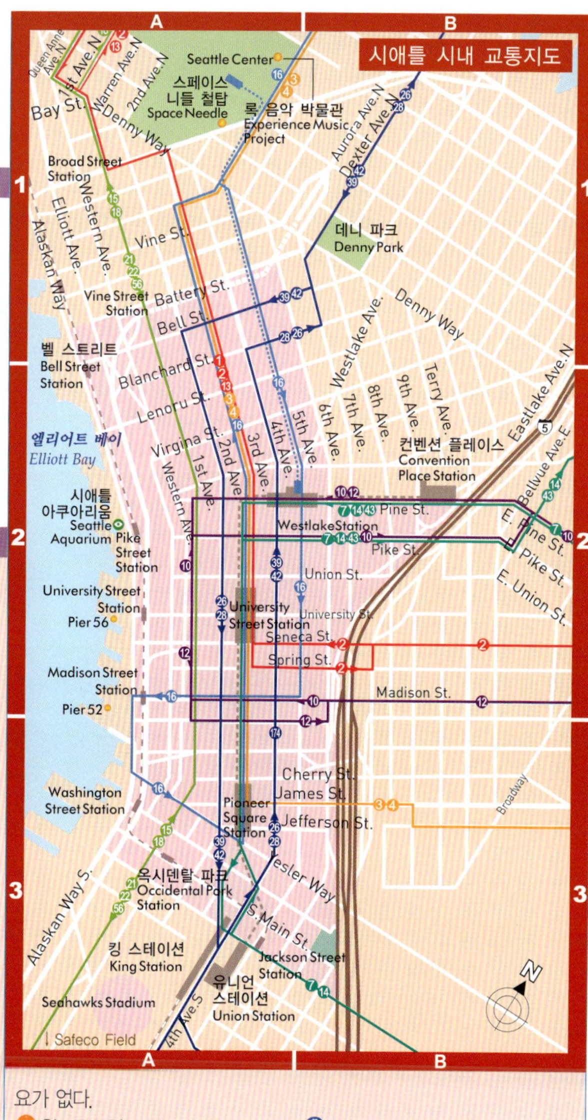

요가 없다.
월~금요일 5:00~19:00,
토요일 10:00~18:00

$ 무료

3. 99호 노면전차 Metro Route 99 Street Car

피어 70, 해안 부두, Pioneer Square사이에서 운행한다. 승하차 할 수 있는 정류장은 총 7개가 있다. King Station옆의 5th Ave.와 S. Jackson St.가 만나는 곳 근처의 기점역에서 시작하여 계속 해안 부두의 Alaskan Way를 따라 운행하며 피어 70이 종착역이다.

우아한 외관의 99호 노면전차는 1982년에 운행을 시작하였으며 오스트레일리아 멜버른의 골동 전차와 같은 종류이다. 처음에는 두 대밖에 없었으며 노선도 각 부두만 경유했다. 1990~1993년 멜버른으로부터 3대를 더 구입하여 노선을 Pioneer Square 근처까지 늘렸다.

월~금요일 6:30~17:00,
토~일요일 10:00~18:30

	구간1 (무료 탑승 구간 포함)	구간2 (시내–시외)
러시아워 6:00~9:00, 15:00~18:00	성인 1달러 50센트 소인(5~17세) 50센트	성인 2달러 소인(5~17세) 50센트
평상시 9:00~15:00, 18:00~6:00	성인 1달러 25센트 소인(5~17세) 50센트	성인 1달러 25센트 소인(5~17세) 50센트

4. 모노레일 Monorail

  Westlake Center의 3층에서부터 모노레일을 타고 Seattle Center로 갈 수 있다. 시애틀 세계 박람회를 위해 설계된 Seattle Center는 사람들을 끌어 모으기 위해 유명한 건축가가 탑을 지었으며 시민들의 편의를 위하여 고가(高架) 모노레일을 만들었다.

🕐 월~금요일 7:30~23:00,
　　토~일요일 9:00~23:00

💲 편도 성인 1달러 50센트, 5~12세 75센트, 75세 이상 75센트,
　　4세 이하 무료.

◉ 명소

록 음악 박물관
Experience Music Project

◬ P149A1

◔ Westlake Center 3층에서 모노레일을 타고 Seatle Center 방향으로 가서 종착역인 「Seatle Center」역에서 하차.

⌂ 330 6th Ave. North

☎ 1-206-770-2700

◷ 10:00~17:00

⑤ 4세 이하 어린이 무료,
5~17세 12달러,
18~64세 15달러,
65세 이상 12달러

🌐 www.emplive.org

2000년 6월 개장한 록 음악 박물관(Experience Music Project)은 마이크로 소프트의 창업자 빌 게이츠의 파트너인 Paul Ellen이 투자하였다. 록 음악에 미국 서북 지역의 각종 유행 음악을 주제로 한 이 박물관은 공사를 시작하고 2년 후에 완공되었다. 외관이 매우 특이하여 공사를 시작할 때에는 말이 많았지만, 완공 후에는 많은 사랑을 받았다.

록 음악 박물관의 외관은 유명 록스타 짐 헨드릭스가 콘서트 현장에서 일렉트릭 기타를 부수는 장면에서 영감을 얻었다고 한다. 내부는 첨단 컴퓨터 과학 기술의 3D 영상으로 여러 주제의 음악을 표현했다. 관람객은 자신의 관심사에 맞게 감상하고 싶은 음악을 선택할 수 있다. 이러한 종류의 컴퓨터 프로젝트는 상당히 방대하였지만 빌 게이츠의 파트너인 Paul 덕분에 아무런 문제가 없었다.

시애틀 미술관(SAM)
Seattle Art Museum

◬ P151A2

⌂ downtown 100 University St., Seattle, WA 98101-2902

☎ 1-206-344-5275

◷ 화~일요일 10:00~17:00
월~ 목요일 10:00~21:00

🌐 www.seattleartmuseum.org

시애틀 미술관(Seattle Art Museum)은 소위 SAM이라고도 불린다. 미술관 앞에 있는 4층 높이의 검은색 철제 조각상은 시애틀에서 매우 유명한 상징으로 일을 하고 있는 노동자의 모습을 형상화한 것이다. 이 조각상의 의미는 시민들이 이 도시를 위해 힘들게 일하는 노동자들을 기억하기 위함이다. 조각 예술가 Mr. Jonathan Borofsky는 이 조각품을 완성한 후에 팔에 모터를 달았는데 이것이 바로 하루 24시간 동안 쉬지 않고 움직이며 일하는 조각상의 비밀이다.

스페이스 니들 첨탑
Space Needle

◆ P149A1

◆ Westlake Center 3층에서 모노레일을 타고 Seattle Center 방향으로 가서 종착역인 「Seatle Center」역에서 하차.

⌂ Space Needle 400 Broad St., Seattle WA98109

◆ 회전식 레스토랑 예약
1-206-905-2100,
1-800-937-9582

◆ 일~목요일 9:00~22:00
금~토요일 9:00~12:00

◆ 14~64세 16달러,
4~13세 8달러,
65세 이상 14달러,
3세 이하는 무료.

◆ www.spaceneedle.com

◆ 회전식 레스토랑은 미리 예약을 해야 한다.

특이한 외관의 스페이스 니들 첨탑(Space Needle)은 당시 국제 박람회의 성공을 기원하기 위해 건축된 것으로 시애틀에서 가장 사랑받는 관광지가 되었다. 최초의 건축 계획은 Westin 호텔의 회장 Edward E. Carson이 자금을 모아 이루어졌다. 이 특이한 외관도 그가 냅킨 위에 손으로 그린 것을 기초로 삼은 것이며 독일의 Stuttgart Tower를 관람한 후 아이디어가 떠올랐다는 설도 있다. 설계에서부터 완공까지 9개월 밖에 걸리지 않았으며 박람회 개막 전에 정식으로 개방되기 시작했다.

스페이스 니들 첨탑의 외형은 마치 우주비행선이 가늘고 긴 금속 위에 서 있는 것 같다. 독특하고도 매우 기발해서 미래를 맞이한다는 전체적인 설계 컨셉에 부합하고 있다.

스페이스 니들 첨탑의 높이는 약 200미터이고 우주비행선 모양의 전망대는 157미터이다. 엘리베이터를 타면 지상에서 전망대까지 40초 정도밖에 걸리지 않으며 전망대에서는 시애틀의 아름다운 풍경을 한눈에 내려다 볼 수 있다. 한쪽에는 규모가 상당히 큰 기념품 가게와 회전식 레스토랑이 있다. 이 레스토랑의 분위기는 가족적이기 때문에 편안한 캐쥬얼 차림이 적당하다. 단, 탱크탑이나 몸에 많이 달라붙는 옷은 입장할 수 없으니 주의하자.

🌐Seatle Center에서 5번 고속도로를 따라 북쪽으로 가다가, 189번 출구 인터체인지에서 526번 국도로 돌아 서쪽으로 간 뒤 보잉 회사의 표지판을 따라 전진하면 된다.
🏠Everett Plant-Hwy. 526, Everett
☎1-360-756-0086
🕗8:30~17:00
🈂추수감사절, 크리스마스, 새해 첫날.
💲성인 15달러, 15세 이하 8달러, 65세 이상 14달러, 키 122Cm 이하의 어린이는 입장할 수 없다.
🌐www.boeing.com
❗공장 안에서는 사진촬영 금지

보잉 회사는 전 세계에서 가장 큰 민항기 제조 회사이다. 전 세계 40%의 민용 제트기는 모두 보잉에서 제작한 것이다. 보잉은 시애틀에 제조 공장과 시항 활주로를 갖

✈P151A2
🏠1483 Alaskan Way Seattle, WA98101
☎1-206-386-4300
🕗9:30~17:00
💲13세 이상 28달러,
   6~12세 17달러,
   4~5세 10달러
🌐www.seattleaquarium.org

시애틀 아쿠아리움(The Seattle Aquarium)에서 가장 특별한 곳은 투명한 공 모양의 유리 장막이다. Elliott 항만의 생태를 직접 관람할 수 있는 동시에 연어에게 물을 거슬러 올라갈 수 있도록 도와주는 물고기 계단도 있어서 특정한 계절이 되면 연어들이 물길을 거슬러 올라가는 광경을 볼 수 있다.
아쿠아리움에서는 또 해달을 인공 양식하는 기술을 연구 개발하여 실

대, B-767 여객기 여덟 대의 조립 과정을 동시에 진행할 수 있다.

관람객들은 보잉 공장의 생산 라인 견학 코스에 참가할 수 있다. 비행기를 조립하는 것이 매우 세밀한 공정이기 때문에 공장 측에서는 먼저 관람객들의 몸에 있는 떨어질 만한 물건을 모두 빼놓게 한 후에 현장에 가서 747 조립과정을 참관하게 한다. 영어로 설명하는 안내원도 있어 가이드를 해주며, 비행기의 제조 현장을 볼 수 있다. 총 1시간 정도가 소요된다.

고 있으며 본사가 2001년에 시애틀에서 시카고로 옮겨갔지만 공장은 여전히 계속 운영되고 있다. 제작 현장에서는 초대형 여객기 여섯

외 연못에서 일광욕을 즐기는 해달들의 모습을 볼 수 있다. 매일 먹이 주는 시간은 10:00~17:00로 정해져 있으며 관람객들은 아쿠아리움에서 직원이 해달, 바다표범, 문어에게 먹이를 주는 장면을 구경할 수 있다.

항공 박물관
Museum of Flight

🛩 P150B3

🚌 174번 Metro Bus를 타고 Museum of Flight에서 하차, 시애틀 시내에서 출발하면 약 30분 정도 소요.

🏠 9404 East Marginal Way South Seattle, WA98108-4097

☎ 1-206-764-5720

🕙 10:00~17:00

休 추수 감사절과 크리스마스.

💲 18세 이상 14달러,
　5~17세 7달러 50센트,
　4세 이하 무료

🌐 www.museumofflight.org

　항공 박물관(Museum Of Flight) 내에는 라이트 형제가 발명한 비행기의 원형, 프로펠러 비행기, 전투기, 민항기, 경비행기 등 수백 대의 비행기가 전시되어 있으며 모두 6층 높이의 홀 안에 걸려있다. 그중에서 50여 대의 비행기는 역사적 가치가 높은 단종된 기종으로 높게 혹은 낮게 공중에 걸려있어 장관을 이룬다.

　비행기를 관람하는 것 이외에도 관내에서 가장 많은 관심을 받는 것은 우주의 무중력 상태 체험, 스

워싱턴 호수
Lake Washington

🛩 P150B2

　시애틀 동쪽에 위치한 워싱턴 호수(Lake Washington)는 바다와 같이 넓다. 호숫가에는 5개의 대형 공원이 있는데 각각 Madison Park, Denny Blaine Park, Madrona Park, Leschi Park와 Colman Park이다. 외국에서 오는 관광객들에게는 시내에서 2번이나 11번 버스를 타고 올 수 있는 Madrona Park와 Madison Park가 인기가 있다.

　워싱턴 호의 남쪽 호숫가에는 많은 별장들이 있다. Renton에 근접한 호숫가 주택가는 유명한 컴퓨터 신흥 지역으로, 마이크로 소프트 본사가 바로 이 근처에 있다. 빌 게이츠의 호화 저택도 워싱턴 호수에 위치해 있어 호수 투어 시 소개를 받을 수 있다.

치탠던 수문
Hiram M Chittenden Locks

🛩 P150A1

🚌 시내에서 17번 Metro Bus를 타고 N.W 54th St.와 30th Ave. N.W.에서 하차.

🏠 3015 NW 54th St.

🕙 7:00~21:00

19세기 말, 미국 육군 공병단 장군

페이스 셔틀 시뮬레이션, 미국 대통령 전용기인 에어포스원 등으로, 이곳을 관람하는 비행기 마니아들에게는 최고의 경험이 될 것이다.

항공 박물관의 기념품점도 큰 인기를 끌고 있다. 다양한 종류의 각종 모형 비행기는 사람들의 인기를 한 몸에 받고 있다. 세계 각국 민항기의 프라모델부터 갖가지 색깔로 칠해진 전투기 모형과 멋진 비행 유니폼까지 다양한 상품이 판매되고 있다.

Mr. Hiram M. Chittenden이 군사를 이끌고 운하를 뚫어 유니언 호수와 워싱턴 호수를 연결하였다. 그러나 워싱턴 호수의 수위가 비교적 높아서 댐과 수문을 만들어 수위를 조절해야 했다. 공사는 1917년에 정식으로 완공되어 사용되기 시작하였다.

투어 중에는 선박이 먼저 수문으로 들어간 후 양 수문의 중간에 멈춰 서고, 수문 내의 수위가 조절된 후에야 다른 한쪽 문이 열려 배가 지나가는 특이한 광경을 볼 수 있다.

수문의 건설로 연어들이 돌아가는 물길이 변하였기 때문에 주(州)에서는 연어 떼를 위하여 옆에 물고기 계단을 만들어 놓았다. 매년 7, 8월은 연어가 물길을 거슬러 돌아가는 계절로, 관심이 있는 여행객은 이곳에 와서 구경을 할 수 있다.

플로팅 브리지
Floating Bridges

P150B2

90번 국도로 시애틀 시내에서 Mercer Island로 가는 다리.

워싱턴 호수에 떠 있는 두 개의 부교는 각각 Mercer Island의 북쪽과 서쪽을 잇는다. 특별하게 설계된 콘크리트 다리로 호수 위에 떠있지만 흔들림을 거의 느낄 수 없다. 호숫가에 가까운 다리의 양쪽 끝은 수면보다 높은데, 차를 타고 다리의 중간쯤을 지날 때에야 비로소 다리와 호수의 면이 거의 이어져 있는 신기한 광경을 볼 수 있다.

워싱턴 대학
University of Washington

P150B1

시애틀 시내에서 70, 71, 72, 73, 74, 83번 Metro Bus를 타고 N. E. Campus Pkwy. 와 University Way N. E. 입구에서 하차.

www.washington.edu

워싱턴 대학(University Of washington)의 교정은 굉장히 넓

다. 붉은 벽돌이 가득히 깔려 있는 「Central Plaza」는 워싱턴대 학생들이 「Red Square」라고 부르는 곳이다. 이 건물들은 모두 워싱턴 대학 내 최고의 걸작인데, 특히 고딕 양식의 건축물인 Suzzaollo 도서관 2층의 채색 유리창은 석양이 질 때 하늘색의 빛을 내뿜는다.

워싱턴 호수 방향으로 가다보면 Quad를 지나게 된다. 사방에는 각종 식물들과 꽃들이 자라고 지면의 잔디밭은 활 모양의 윤곽을 이루는 이곳은 평소에 학생들이 모여서 활동을 진행하는 장소이다. 공터의 끝에는 서로 대칭을 이루는 붉은 벽돌 건물이 두 채 있는데 왼쪽은 미술학과 건물이며 오른쪽은 음악과 건물이다. 미술학과 건물의 지하실에는 분위기가 좋은 작은 카페가 있다.

중앙 광장의 다른 한쪽으로 걸어가다가 약간의 경사가 진 길을 지나면 원형의 Drumheller 분수가 보인다. 이 길가에는 벚나무가 많이 심어져 있어서 봄이 오면 벚꽃이 활짝 펴 서양에서 보기 힘든 벚꽃 놀이의 풍경을 이룬다.

이소룡의 묘

P150B2

10번 Metro Bus를 타고 15th Ave.와 Galer St.길 입구에서 하차, 도보로 15분 소요.

1554 15th Ave.E.

아름다운 풍경의 Lakeview Cemetery는 시애틀에서 가장 오래된 공원묘지로 이곳에서 내려다 보이는 경치가 매우 아름답다. 유명한 무술 배우 이소룡(Bruce Lee)과 그의 아들 Brandon Lee가 이곳에서 영원한 잠을 자고 있다. 각국의 영화팬들이 종종 이곳에 와서 애도를 표하기 때문에 무덤은 항상 꽃들과 카드로 둘러싸여 있어서 외로워 보이지 않는다.

이 밖에도 이곳엔 Doc Maynard, Henry Yesler, Arthur Denny 등 수많은 사람들의 무덤이 있다. Pioneer Square 근처에서는 그들의 성씨로 이름을 붙인 거리들을 발견할 수 있다.

쇼핑

파이크 플레이스 마켓
Pike Place Market

P151A2

85 Pike St., Pike St.와 1st Ave.의 교차로에 위치. 모노레일 Westlake 역에서 도보로 10분.

여행자 서비스 센터 1-206-682-7453

월~토요일 9:00~18:00, 일요일 11:00~17:00.

www.pikeplacemarket. org

이 유구한 역사의 마켓이 지금까지 존재할 수 있었던 이유는 1970년 정부가 오래된 시장을 철거하기로 결정했을 때 시민들이 연합하여 반대를 했기 때문이다. 투표를 통하여 파이크 플레이스 마켓(Pike Place Market)을 원래의 자리에 복원하기로 결정한 후 모금 활동도 시작되어 바닥의 금속판에는 모든 모금자들의 이름이 조각되어 있고, Pike Place Market 역시 새로운 생명을 얻게 되었다.

Pike Place Market은 1907년에 조성되었다. 시애틀의 농민들이 중간 상인과 주인의 착취를 막고자 자신들이 경작한 신선한 야채를 Pike Place Market의 작은 장에 판매하기 시작했는데, 처음에는 몇 십 개의 판매 부스밖에 없었기 때문에 「농부 시장」(Farmer's Market)이라고 불렸다. 그 후에 몇몇 농민이 어민들에게 자리를 빌려주어 게, 랍스터와 연어 등의 판매 부스가 생겼고, 또 그 후로 분식점과 예술품점이 생기기 시작하여 시간이 지남에 따라 Pike Place Market의 규모는 점점 커져서 판매 부스의 종류도 점차 많아지기 시작했다.

Pike Place Market에서 가장 눈에 띄는 간판은 85 Pike St., Pike St.와 1st Ave.의 교차로의 메인 아케이드 위에 있는 「Pike Place Market」이다. 이 건물이 Pike Place Market의 핵심 장소로 생선, 게, 야채 모두 이 건물에서 팔고, 지하층에는 의류와 수공예품 점포들이 들어서 있다.

메인 아케이드 1층의 가장 시끌벅적한 곳은 '생선쇼'가 열리는 곳이다. 생선 판매상들은 관광객들에게 '생선 던지기' 기술을 자랑하는데, 15킬로그램에 달하는 신선하고 살 오른 물고기를 공중에서 던지고 받으면서 시끌벅적하면서도 활기찬 시장 분위기를 조성한다.

식당

더 크랩 팟
The Crab Pot

 P151A3

 항만 부두지역 57번 부두의 Westlake Center에서 도보로 약 10분.

 Pier 57, 1301 Alaskan Way Seattle, Wa98101

 1-206-624-1890

 11:00~21:30

 1인당 약 20달러

더 크랩 팟(The Crab Pot)의 가장 유명한 메뉴는 2인분의 Basked for Two이다. 종업원은 손님들에게 냅킨을 둘러준 뒤, 한 냄비의 해산물을 식탁 위의 종이에 쏟아놓는다. 이어 나무 망치와 가위가 제공되면, 손님들은 눈앞에 산처럼 쌓인 옥수수, 새우, 게 다리, 패엽, 굴 등을 원없이 먹을 수 있다. 양이 풍성하고 여러 가지 다른 종류의 해산물을 맛볼 수 있어 상당히 인기가 좋다.

Basked for two는 바삭하게 튀긴 해산물에 칠리와 후추로 조미를 하는 것으로 조리방법은 간단하지만 먹을 때는 매우 만족스럽다.

엘리엇 오이스터 하우스
Elliott's Oyster House

🛬 P151A3

🌐 항만 부두지역 56번 부두에 Westlake Center에서 도보로 약 15분.

🏠 1201 Alaskan Way, Pier56

📞 1-206-623-4340

🕐 11:00~22:00,
금~토요일 11:00~23:00

💲 1인당 약 25달러

엘리엇 오이스터 하우스(Elliot's Oyster House)는 신선한 굴을 전문으로 하는 해산물 식당으로, 항만 부두지역의 고급스러운 레스토랑이다. 해산물 요리의 종류도 상당히 다양하다. 알라스카, 뉴질랜드, 유럽 등지에서 온 굴은 종류와 크기가 각각 다른데, 보통 크기가 작으면 작을수록 맛은 더욱 진하고 독특하다.

연어, 게, 랍스터를 여러 가지 조리 방법으로 조리하여 선보이고 있다. 가격은 다른 식당에 비해 20~30% 정도 비싸지만, 다양한 맛과 식당의 고급스러운 분위기, 전망이 좋은 것이 장점이다.

이곳에는 테이크아웃 테이블도 있어 조개 스프를 좋아하는 사람들은 Red Chowder를 먹어보는 것도 좋다. 옥수수, 피망과 게살이 들어간 약간 매콤한 맛이다.

에멧 왓슨스 오이스터 바
Emmett Watson's Oyster Bar

🛬 P151A2

🏠 1916 Pike Place, Pike Place Market의 코너 시장 건물 정원에 위치.

📞 1-206-448-7721

🕐 7:00~19:00

💲 Oyster Special US$5.49, 클램챠우더 한 그릇, 굴 두 조각과 삶은 새우 세 마리 포함.

코너 시장 건물 안에 위치한 이 작은 레스토랑은 들어가면 작은 대청이 있고 흰색의 페인트가 칠해져 있어 남유럽의 느긋한 분위기를 풍긴다. 싸고 맛좋은 해산물을 선택하려면 이곳이 최적의 선택이다. 1978년부터 지금까지 영업을 하면서 신선하고 맛좋은 굴 요리로 유명하며, 다양한 굴 코스 요리를 선택할 수 있어 돈이 아깝지 않을 것이다.

스타벅스 커피 제 1호점
Starbucks Coffee

P151A2

1912 Pike Place, Pike Place Market에 위치. Stewart St.와 Western Ave.의 길목 근처

1-206-448-8762

6:30~19:00

www.starbucks.com

스타벅스 커피(Starbucks Cof-fee) 제 1호점은 Pike Place Market에 위치한다. 1971년 개업한 이래 스타벅스가 세계 각지에 분점을 설립함에 따라 제 1호점은 사람들이 앞 다투어 기념사진을 남기는 명소가 되었다. 점내의 인테리어와 배치는 원래의 모습과 비슷하며 공간만 좀 넓어졌다고 한다. 이곳에서 판매하는 인어공주가 그려져 있는 기념 머그컵은 관광객들에게 인기있다.

H 숙박

Executive Hotel Pacific

P151B2

400 Spring St. Seattle, Wa98104

1-206-623-3900

2인실 125달러부터

www.pacificplazahotel.com

Mediterranean Inn

P150A2

425 Queen Anne Ave. North Seattle, WA98109

1-206-428-4700

2인실 99달러부터

www.mediterranean-inn.com

Sixth Avenue Inn

P151A1

2000 6th Ave. Seattle, WA98121

1-206-441-8300

2인실 89달러부터

www.sixthavenueinn.com

Ramada Inn Downtown Seattle

P151A1

2200 Fifth Ave.

1-800-272-6232

2인실 89달러부터

www.ramada.com

Kings Inn

P151A1

2106 5th Ave.

1-206-441-8833

2인실 69달러부터

렌트카로 미국 서부 즐기기

미국은 국도 계획이 잘 되어 있고 도로가 잘 뚫려 있어 자동차 여행이 상당히 보편화되어 있다. 렌트카 회사도 많아 Hertz, Avis, Budget, Thrifty 등은 인터넷으로 사전 예약이 가능한데, 미국 국제공항에 도착한 후 렌트카 회사 데스크를 찾아 차를 인계받을 수 있다.

자동차

세단, 캠핑카 등 종류가 다양하다. 미국의 차들은 크기가 큰 편이라서 습관이 안 된 사람들은 더욱 주의를 하는 것이 좋다. 일반적으로 렌트카 회사가 제공하는 차들은 대부분이 오토매틱, 표준 에어컨이며, 연료가 가득 채워진 채로 차를 인계하기 때문에 차를 반납할 때도 연료를 가득 채워야 한다.

면허증

원칙상으로는 25세 이상이어야만 렌트를 할 수 있지만, 사전에 예약을 해두면 25세 이하인 사람도 렌트를 할 수 있다. 단, 비용과 보험 금액이 좀 더 높기 때문에 가능하면 사전에 각 회사의 규정을 알아보는 것이 좋

다. 반드시 준비해야 할 증명서류로는 유효기간 내의 국제 면허증, 자국 면허증과 개인 신용카드이므로 반드시 가지고 가자.

보험

차를 렌트할 때는 꼭 보험을 들어야 한다. 보험에는 렌트카 차량 손해 면책 제도(LDW, Loss-Damage Waiver), 대인, 대물 추가 책임보험(LIS, Liability Insurance Supplement, 매일 약 US$11.95부터), 개인 상해 보험과 개인 재물 보험(PAI / PEC, Personal Accident Insurance / Personal Effects Coverage, 매일 약 5달러 50센트부터)이 포함된다. 돈이 좀 많이 들기는 하지만 여행의 안전을 보장받기 위해서는 상당히 중요하므로 절대로 가볍게 여겨서는 안 된다.

지도

보통 렌트카 회사에서는 국도 지도나 상세한 구역 지도를 제공한다. 그렇지 않을 경우 관광 인포메이션 센터에 가서 가져올 수도 있고, 서점에 가서 대형 지도책을 살 수 있다. 어떤 차에는 GPS 시스템이 달려 있어서 길을 잃을 염려가 없어 편리하다.

주유

미국의 주유소는 대부분 무인 셀프 주유소로 먼저 어떤 기름을 주유할 것인지 결정하고 내려서 스스로 주유를 한다. 주유 도중에는 옆의 스크레이퍼와 종이로 차의 외관을 청소할 수 있다.

신용카드를 이용한다면 바로 카드를 넣어 주유를 하는데 국제 신용카드는 받지 않는 곳도 있으므로 먼저 상점 내에 카운터에 가서 카드를 긁으며 몇 번 도로에 얼마라는 것을 이야기하면 돌아와서 주유를 할 수 있고 현금도 동일하다.

지역과 도로의 구간에 따라 기름 값이 상당히 크게 차이가 난다. 보통 도로가의 주유소엔 가격표를 세워두는데 Unleaded(무연), Unleaded Plus(중급 무연), Unleaded Premium(고급 무연), 디젤 등의 종류로 분류한다.

교통법규

미국은 차들의 속도가 비교적 빨라, 고속도로에선 75~85마일까지 달릴 수 있다. 출구 간의 거리가 멀어서 운전 시에 도로 표지판을 잘 봐야 하는데, 실수로 지나치면 크게 한 바퀴 돌아서야 돌아올 수 있다.

그 밖에 주의해야 할 것은 붉은색 육각형의 「Stop」 표지인데, 보통 주택구역에서 보았을 땐 하얀 선 앞에 완전히 정차해야 하고 몇 초가 지난 후에야 다시 운행을 할 수 있다. 미국 경찰들은 이것에 대해서 단속이 엄격하다.

미국에서 자유자재로 여행하기

Travel In U.S.A

비자 수속

◎인터뷰 예약

미국 비자를 받기 위해서는 인터넷 웹 사이트에서 날짜를 미리 예약해야 한다. 이때 여권 번호, 여권 유효기간 등이 필요하고 비자 혹은 마스터 카드로 10달러에 해당되는 원화금액을 결제한 후 고유번호(PIN)를 받아서 로그인 해야 예약이 가능하다.

인터뷰 신청은 신청자 당사자가 예약을 해야 하며, 직계 가족이 함께 신청할 경우에도 신청이 가능하다. 인터뷰 당일에는 인터뷰 예약 번호를 정확히 메모한 후 반드시 제 시간까지 미국 대사관에 도착해야 한다.

또 미국 비자 신청 시 모든 서류는 영문으로 번역해야 한다.

◎미국 대사관 수수료

비자 발급을 원하는 사람은 가까운 신한은행에 신청 수수료를 납부한 후 그 영수증을 인터뷰하는 날 준비된 서류와 함께 제출한다. 비자 수수료는 전국 신한은행 어디서나 납부 가능하며 금액은 미화 100불에 해당하는 원화 금액이다. 단, 이 수수료는 비자가 거절되더라도 환불되지 않는다.

◎택배 서비스

인터뷰를 한 사람이나, 서류 접수를 한 사람들은 모두 택배 서비스를 이용하여 비자를 발급 또는 접수해야 한다.

서류 접수를 원한다 하더라도 대사관에서 직접 서류를 접수할 수 없기 때문에 가까운 여행사나 택배회사에 의뢰해야 한다. 발급 수속이 끝난 여권과 서류는 다시 택배회사에 의해 신청자의 집으로 배달된다. 택배 수수료는 지역에 따라 다르므로 별도로 확인해야 한다.

◎필수 준비 자료-관광 및 방문 상용비자(B1/B2)

❶ 미국 비자 신청서(대사관 소정 양식)
❷ 여권(최소 6개월 이상 유효)
❸ 신한은행 비자 신청 수수료 납부 영수증
❹ 재직 증명서 또는 사업자 등록증 사본
❺ 소득 금액 증명원
❻ 의료보험증 사본
❼ 통장 원본
❽ 호적 등본 또는 주민등록 등본

◎미국 대사관

http://korean.seoul.usembassy.gov
02-397-4114

◎**미국 비자 인터뷰 온라인 예약**

http://www.us-visaservices.com

◎**한국대사관 :**

1-202-939-5600~2

2450 Massachusetts Ave. N.W.

◎**로스앤젤레스 총영사관 :**

1-213-385-9300

3243 Wilshire Blvd. Suite 1100

◎**샌프란시스코 총영사관 :**

1-415-921-2251~3

3500 Clay Street

여행 정보

시애틀 여행국

www.seeseattle.org

캘리포니아 정부 관광국

gocalif.ca.gov

샌프란시스코 여행국

onlyinsanfrancisco.com

로스앤젤레스 여행국

www.seemyla.com

언어

영어

환율

1달러에 약 1,000원 정도이다.

시차

미국 서해안은 태평양 시간대에 속하며, 한국 시간에서 17시간을 빼면 되고, 여름(4~10월)에는 섬머타임을 실시, 16시간이 느리다.

팁

미국은 팁이 제도화되어 있기 때문에 식당과 택시는 꼭 팁을 줘야 하며, 점심 식사의 팁은 계산서의 약 10%, 저녁 식사는 15~20%로 일정치 않다. 택시는 대략 10%이며, 패스트 푸드점에서는 팁이 필요 없다. 호텔이나 여관에 묵을 때에 매일 침대에 팁을 US$1, 짐을 들어줄 때에는 하나당 약 US$1~2 달러의 팁을 주어야 한다.

비행 정보

우리나라에서 미국으로 가는 항공편은 매우 다양하다. 주요 항공사로는 대한항공, 아시아나 항공, 노스웨스트 항공 등이 있다.

비행 시간은 다른 나라를 경유하지 않는 직항편을 기준으로 인천-

명절 공휴일

1월 1일	새해	New Year's Day
1월 셋째 주 월요일	마틴 루터 킹 박사의 생일	Martin Luther King Jr. Day
2월 셋째 주 월요일	국부 기념일	President Day
2~3월 사이	마르디 그라	Mardi Gras
3월 중	성 페릭의 날	St. Parick's Day
3~4월 부활절 전 금요일	예수 수난일	Good Friday
5월의 마지막 월요일	전몰 장병 기념일	Memorial Day
7월 4일	독립 기념일 미국 국경일	Independence Day
9월의 첫 번째 월요일	노동절	Labor Day
10월의 두 번째 월요일	콜럼버스의 날(신대륙 발견 기념일)	Columbus Day
10월 31일	할로윈 데이	Halloween
11월 11일	퇴역 군인절	Veterans Day
11월의 네 번째 목요일	추수 감사절	Thanksgiving Day
12월 25일	성탄절	Christmas

로스앤젤레스는 약 11시간, 인천–샌 프란시스코는 약 10시간 50분, 인 천–시애틀은 약 9시간 40분이 소 요된다.

항공편 탑승 전 적어도 3시간 전 에는 공항에 도착해야 하며, 되도 록 수하물을 줄이고, 음료수, 샴푸, 썬크림, 로션, 치약과 무스 등의 액 체 상태 혹은 젤리 상태의 물품은 비행기에 가지고 탈 수 없으므로 부치는 짐 속에 넣어야 한다.

단, 유아 식품과 의사 처방의 필수 약품은 제한을 받지 않고, 부치는 짐은 해관 검사를 위하여 자물쇠로 잠가선 안 된다.

최신 규정은 미국 연방 안전서 (TSA)의 홈페이지 www.tsa.gov에 서 찾아보자.

다운타운 행 공항 교통

◎샌프란시스코 국제공항

1. 고정 버스 : 12인승의 소형 버스, 시내까지 약 30분, 편도 요금 US$15부터.

2. 공항 버스 : 두 개의 노선으로 나뉘며, 유니언 스퀘어 주변의 주 요 호텔까지 순환, 시내까지 약 30 분, 요금은 US$13부터.

3. 항구 지하철 시스템(BART) : Pitburg/Bay Point–Colma/ Richmond–Daly City/Colma선을 탈 수 있고, 시내와 샌프란시스코 국제공항, 오클랜드 국제공항 (Oakland International Airport)을 순환한다.

◎로스앤젤레스 국제공항

1. Super Shuttle : 소형버스, 시 내까지 약 30분, 요금은 US$20 부터.

2. 공항 버스 : 노선은 공항, Anaheim, Pasadena 등지를 아 우르며, 소요시간은 약 30분, 요 금은 US$30부터.

3. 시내 버스 : 먼저 공항의 「C」무료 순환 버스(LAX Shuttle)를 타고 버스 터미널에 도착한 후, MTA, BBB 등의 시 내버스로 갈아탈 수 있으며 「G」 무료 순환 버스는 지하철 녹색 라인 Aviation/I–105 역까지 운행하므로 바로 지하철로 시내 에 갈 수 있다.

◎시애틀 국제공항

1. Airport Express : 출국장에서 Airport Express의 티켓판매 부 스를 발견할 수 있다. 30분마다 한 대씩 운행하며 시내의 주요 비지니스 호텔을 오간다. 편도 티 켓은 8달러 50센트이다.

2. Shuttle Express : 목적지까 지 직통으로 운행하는 소형 버스 이다. 출국장에 서비스 데스크가 있다. 시내의 각지로 운행하며, 티켓 가격은 목적지의 거리에 따 라 다르나 약 21달러이고, 운행 횟수가 많은 편이다.

3. Metro Bus : 버스 174, 194번 을 이용하면 시내로 갈 수 있다. 대형 수하물은 들고 탈 수 없다. 편도 티켓 가격은 1달러 50센트 부터.

측량 단위

미국은 영국식 측량 단위를 사 용하며 한국은 정부 지정 단위를 사용한다. 영국식 단위와 한국의 단위의 환산은 아래와 같다 :

1미터 = 3.28피트
1킬로미터= 0.62마일
1리터 = 0.26갤론

1킬로그램=2.2파운드
1갑 = 2.4에이커

미국 여행 시 주의사항

여행 중 불시에 당하는 사건이나 사고로 인하여 긴급하게 도움이 필요한 경우, 관할 총영사관이나 외교통상부 영사콜센터로 연락해야 한다.

◎미국 내 각 주 총영사관 위치

www.koreaembassy.org/han_ko
reaus/koconsulates/kor_info.cfm

◎외교통상부 영사콜센터

011-800-2100-0404(영사영사)

◎워싱턴 DC 지역 관할 총영사관

주소 : 2320 Massachusetts Ave.
NW, Washington, DC 20008
전화 : 1-202-939-5653
Fax : 1-202-342-1597
긴급전화 : 202-641-8746

◎홈페이지

www.koreaembassy.org

생명을 위협받는 등 아주 긴급한 사건일 경우엔 "911"로 전화하여 도움을 요청하자.

영어가 어려울 경우 "Korean(코리언)"이라고만 말하면 한국어 통역을 연결하여 주므로 당황하지 말고, 묻는 질문에 침착하게 대답하면 도움을 받을 수 있다.

또, 여행 전 반드시 여행자 보험에 가입해야 한다. 응급상황 발생이나 몸이 아픈 경우, 여행자가 현지에서 보험없이 병원치료를 받을 경우에 의료비가 국내와는 비교할 수 없을 정도로 비싸 간혹 이러한 사실을 모르고 여행하다가 엄청난 병원비를 지불해야 하는 경우도 있기 때문에 미국 여행 전 여행자 보험 가입은 필수이다.

여권발급요령

출국을 하려면 누구나 여권을 발급받아야 한다. 여권에는 1년의 유효기간동안 1회의 해외여행이 가능한 단수여권과 5년의 유효기간 동안 횟수에 제한 없이 해외여행을 할 수 있는 복수여권이 있다. 특별한 사유가 없는 여행자는 해외여행을 할 때마다 여권을 발급받을 필요 없이 복수여권을 발급받는 것이 경제적이다.

2005년 9월 30일 이전에 발행된 구여권은 유효기간 동안 사용이 가능하다. 신여권 제도로 바뀌면서 기존의 유효기간 연장 제도가 폐지되었으므로 연장 가능한 구여권에 대해 신여권 발급 신청서를 작성하면 5년 유효기간의 신여권을 발급받을 수 있다.

◎여권 발급 구비서류

- 여권 발급 신청서
- 최근 3개월 이내에 찍은
  여권사진(3.5cm X 4.5cm)
- 주민등록등본 1부
- 주민등록증 또는 운전면허증
- 대리신청의 경우 본인의 위임장과 주민등록증 및 그 사본과 대리인의 주민등록증이 필요하다.
- 만 18세 미만의 경우 부모의 여권발급동의서 및 동의인의 인감증명서가 필요하다.

◎여권 발급비용

- 복수여권 - 55,000원
- 단수여권 - 20,000원
- 구여권⇨신여권(5년) - 15,000원

◎여권 발급기관

- 서울 : 종로구청, 노원구청, 서초구청, 영등포구청, 동대문구청, 강남구청, 송파구청
- 지방 : 각 시청과 도청의 여권과

여행자수표 Q & A

Q : 여행자수표는 어디에 쓰면 좋나요?

A : **해외 여행 :** 여행자수표는 현금을 대신하는 것으로 지갑에 계속 신경 쓰지 않고 편하게 여행을 즐길 수 있습니다. 또한 여행자수표를 사용하면 여행 경비를 조절할 수 있습니다. 신용카드와 달리 있는 만큼 쓰는 것이기 때문에 예산범위 내에서 사용 가능합니다.

해외 출장 : 해외 전시회에 참가하거나 제품을 구입할 때, 대부분 현지에서 즉시 지불해야 하는 경우가 많습니다. 계약금을 내거나, 샘플 구입비를 결제할 때, 혹은 예상치 못한 지출이 발생하거나, 카드를 받지 않는 경우에도 여행자수표는 적절하게 사용 가능합니다. 현지 은행에서 현금으로 교환할 수 있기 때문에 현금을 가지고 출국하는 것보다 안전합니다.

해외 유학 : 여행자수표는 학비, 생활비를 지불하는 수단으로도 사용할 수 있습니다. 단기 연수의 경우 체재기간이 비교적 짧아 일반적으로 해외에서 통장개설을 하지 않습니다. 그러므로 여행자수표로 학비, 생활비 등을 지불하는 것이 안전하면서도 신용카드의 한도 제한에 구애받지 않는 가장 편리한 방법입니다. 유학의 경우, 준비해야 할 비용이 더욱 많기 때문에 현지에서 통장을 개설하기 전에 사용할 돈을 안전하게 준비하는 방법으로 여행자수표가 유용하게 사용됩니다.

이밖에도 여행자수표를 구입할 때에는 환율이 일반적으로 현금보다 유리합니다. 환율이 낮아 출국 이전부터 약간의 비용을 절약할 수 있고, 또한 안전하다는 장점이 있습니다.

Q : 어디에서 아멕스 여행자수표를 살 수 있나요?

A : **은행과 온라인에서 여행자수표를 구입할 수 있습니다.**

▶ 은행 : 지점을 포함한 전국 각 은행에서 구입 가능. 단, 외한은행에서는 호주 달러와 영국 파운드, 일본 엔화, 캐나다 달러만 구입 가능.

▶ 인터넷 예약 : 우리은행과 신한은행 웹사이트에서 온라인으로 구매할 수 있음.

자세한 내용은 http://www.americanexpress.com/korea 참고.

Q : 여행자수표를 구입하려면 어떤 절차가 필요하나요?

A : 여행자수표 구입은 현금 환전과 마찬가지로 간단합니다. 신분증과 현금만 있으면 구입 가능합니다.

Q : 여행자수표를 분실하면 현지에서 재발급 가능한가요?

A : 아멕스 여행자수표는 전 세계 84,000여개 은행과 환전소 등의 파트너와 함께 일하고 있으며, 동시에 2,200개의 여행 서비스센터를 두고 있습니다. 여행자수표 분실 시 일반적으로 모두 현지에서 재발급이 가능하며, 수수료도 없습니다. 다음 여행지에서 재발급 신청하셔도 됩니다.

 왜 여행자수표를 사용하는 것이 경제적이고 혜택이 많다고 하나요?

A : 여행자수표를 구입할 경우 외화를 현금으로 구입하는 것보다 일반적으로 쌉니다. 외국에서 현지 화폐로 교환할 때, 수수료를 면제해 주는 환전소도 많기 때문에 어떤 때에는 더 많은 현지 화폐를 손에 쥘 수 있습니다. 수수료 등에서 돈을 아낄 수 있을 뿐더러 수지타산이 잘 맞는 방법입니다.

 해외 유학을 갈 때, 학비와 생활비를 가지고 나가려고 합니다. 어떤 방식을 선택해야 좋을까요?

A : 여러 방식을 선택해서 사용하는 것이 좋으며 편리하게 사용할 수 있어야 합니다. 예를 들어 캐나다에 1년 정도 간다고 하면 학비는 1만 캐나다 달러 정도 되며, 생활비는 8천 달러 정도 소요

됩니다. 학비를 현지에서 지불한다면 여행자수표를 이용하는 것이 가장 좋습니다. 생활비의 70% 정도는 여행자수표, 20% 정도는 신용카드, 10%는 현금으로 사용하는 것이 좋습니다.

여행자수표의 사용방법

❶ 구입 후 즉시 서명

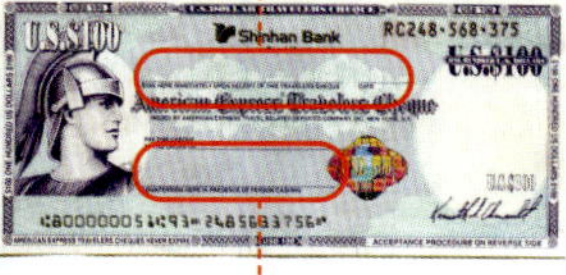

❷ 사용 시 재서명

1. 구입 후 즉시 서명 : 구입 후 즉시 수표 왼쪽 상단에 사인합니다. 어떤 언어도 무방합니다.

2. 사용 시 재서명 : 사용할 때에 수취인의 앞에서 왼쪽 하단에 상단과 일치하는 사인을 하면 됩니다.

3. 따로 보관 : 구매계약서와 여행자수표는 따로 보관하세요. 만약 여행자수표를 분실, 훼손한 경우 구매계약서를 가지고 각지의 분실배상서비스센터에 가서 분실처리를 하도록 합니다.

여행 회화

Travel Conversation

출국과 입국

■ 기내에서

이 좌석이 어디 있는지 알려주시겠어요?
Could you help me to find my seat, please?
쿠 쥬 헬프 미 투 파인드 마이 씻, 플리즈?

실례합니다만 저의 자리에 앉아계신 것 같은데요.
Excuse me. I think you're sitting in my seat.
익스큐즈 미. 아이 띵크 유아 씨링 인 마이 씻.

저와 자리를 바꿔주시겠어요?
Do you mind changing your seat with me?
두 유 마인드 체인징 유어 씻 위드 미?

한국 잡지나 신문 있어요?
Do you have Korean magazines or news-papers?
두 유 해브 코리안 매거진스 오어 뉴스페이펄스?

음료는 무엇으로 하시겠습니까?
What would you like to drink?
왓 우 쥬 라익 투 드링크?

콜라 한 캔 주세요.
Coke, please.
코크 플리즈.

탑승권을 보여 주시겠습니까?
May I see your boarding pass?
메아이 씨 유어 보딩 패스?

뭐 마실 것 좀 주시겠어요?
Can I have something to drink?
캔 아이 해브 썸띵 투 드링크?

펜 좀 빌릴 수 있을까요?
Can I borrow a pen?
캔 아이 바뤄우 어 펜?

얼마나 더 가야합니까?
How many more hours to go?
하우 매니 모어 아월스 투 고?

여기 앉아도 될까요?
Can I seat here?
캔 아이 씻 히어?

베개를 가져다주시겠어요?
Could you bring me a pillow, please?
쿠 쥬 브링 미 어 필로우, 플리이즈?

■입국심사

여권과 입국신고서를 볼 수 있을까요?
Can I see your passport and landing card, please?
캔 아이 씨 유어 패스포트 앤 랜딩 카드, 플리즈?

여기 있습니다.
Here they are.
히어 데이 아.

미국 방문이 처음이십니까?
Is it your first visit to the United States?
이즈 잇 유어 퍼스트 비짓 투 더 유나이릿 스테이츠?

방문 목적이 무엇입니까?
What's the purpose of your visit?
왓츠 더 퍼포즈 오브 유어 비짓?

관광입니다.
For sightseeing.
포 싸이트씨잉.

돈을 얼마나 소지하고 계십니까?
How much money do you have?
하우 머취 머니 두 유 해브?

약 3,500달러를 가지고 있습니다.
I have about $ 3,500.
아이 해브 어바웃 쓰리 따우젼 화이브 헌드뤠드 달러.

2주간 머물 예정입니다.
I'm going to stay for two weeks.
아임 고잉 투 스테이 포 투 윅스.

어디에서 머물 예정이십니까?
Where are you going to stay?
웨얼 아 유 고잉 투 스테이?

힐튼 호텔입니다.
At the Hilton Hotel.
앳 더 힐튼호텔.

시애틀에 얼마 동안 머물 예정입니까?
How long are you going to stay in Seattle?
하우 롱 아 유 고잉 투 스테이 인 시애틀?

2주간 머물 예정입니다.
I'm going to stay for two weeks.
아임 고잉 투 스테이 포 투 윅스.

이 곳에 친척이 있습니까?
Do you have any relatives here?
두 유 해브 애니 렐러티브스 히어?

네. 삼촌이 시애틀에 살고 있습니다.
Yes. My uncle is living in Seattle.
예스. 마이 엉글 이스 리빙 인 시애틀.

"""

■ 세관통과

신고할 물건이 있습니까?
Do you have anything to declare?
두 유 해브 애니띵 투 디클레어?

신고할 게 없습니다.
I have nothing to declare.
아이 해브 낫띵 투 디클레어.

담배 한 보루가 있는데 제가 피우려고 샀습니다.
I've got a pack of cigarette. That's for my personal use.
아이브 갓 어 팩 오브 시가렛. 댓츠 포 마이 퍼스널 유스.

이 물건의 가격이 대략 얼마나 됩니까?
What's the approximate value of it?
왓츠 디 어프록시밋 밸류 오브 잇?

250달러 주고 샀습니다.
I paid $ 250 for it.
아이 패이드 투헌드뤠드 앤 휘프티 달러 포 잇

관세 100달러를 내야 합니다.
You have to charge $ 100 duty for that.
유 해브 투 차쥐 원 헌드레드 달러 듀리 포 댓

가방에 뭐가 들어있는지 볼 수 있나요?
Can I see what's in your bag, please?
캔 아이 씨 왓츠 인 유어 백, 플리즈?

개인적 용도로 가져왔습니다.
I brought it for my personal use.
아이 브로웃 잇 포 마이 퍼스널 유스.

과일이나 야채 혹은 동물 등이 있습니까?
Do you have any fruits or vegetables or animals?
두 유 해브 애니 프룻츠 오어 베쥐터블스 오어 애니멀스?

그것을 가지고 입국하는 것은 금지되어 있습니다.
You are not allowed to bring them in.
유 아 낫 얼라우드 투 브링 뎀 인.

주시겠어요?
Would you show me how to fill out this form, please?
우 쥬 쇼우 미 하우 투 필 아웃 디스 폼, 플리즈?

관광안내소가 어디 있는지 아세요?
Do you know where the tourist information center is?
두 유 노 웨어 더 투어뤼스트 인포메이션 센터 이스?

환율이 어떻게 됩니까?
What's the exchang rate?
왓츠 디 익스체인쥐 뤠잇?

시내지도 한 장 주시겠어요?
May I have a city map, please?
메아이 해브 어 씨리 맵, 플리즈?

이 근처에 추천할 만한 관광명소가 있나요?
Could you recommend some places of interest around here?
쿠 쥬 뤠커멘드 썸 플레이시스 어브 인터뤠스트 어롸운 히어?

값싼 호텔 하나 추천해주시겠어요?
Could you recommend a cheap hotel?
쿠 쥬 레코멘드 어 칩 호텔?

예약 좀 해 주시겠어요?
Could you make a reservation for me, please?
쿠 쥬 메이크 어 레져베이션 포 미, 플리즈?

관광안내책자 한 권 주세요.
Please, give me a tourist brochure.
플리즈, 깁 미 어 투어뤼스트 브로슈어.

약도를 좀 그려 주시겠어요?
Could you draw me a map, please?
쿠 쥬 드뤄우 미 어 맵, 플리즈?

출구가 어느 쪽이죠?
Where's the exit?
웨어즈 디 에그짓?

■공항에서

이걸 달러로 환전해 주시겠어요?
Could you exchange this for US $, please?
쿠 쥬 익스체인쥐 디스 포 유 에스 달러, 플리즈?

이 신고서를 어떻게 작성하는지 알려

교통수단의 이용

■Bus 이용

버스정류장이 어디죠?
Where's the bus stop?
웨어즈 더 버스 스탑?

길 건너에 있습니다.
It's on the opposite side of the road.
잇츠 온 디 오퍼짓 사이드 오브 더 로드.

코리아 타운에 가려면 어떤 버스를 타야하나요?
Which bus should I take to get to Korea Town?
위치 버스 슈드 아이 테익 투 겟 투 코리아 타운?

45번 버스를 타세요.
Take the number 45 bus.
테익 더 넘버 포리 화이브 버스.

요금이 얼마죠?
How much is the fare?
하우 머취 이스 더 훼어?

어른 한 명에 2달러입니다.
It's $ 2 for an adult.
잇츠 투 달러 포 언 어덜트.

버스시간표를 어디서 구할 수 있나요?
Where can I get a bus timetable?
웨어 캔 아이 겟 어 버스 타임테이블?

어디서 내려야하나요?
Where should I get off?
웨어 슈드 아이 겟 오프?

갈아타야 하나요?
Do I have to transfer?
두 아이 해브 투 트렌스훠?

1500번 버스를 어디서 타야합니까?
Where can I catch the number 1500 bus?
웨어 캔 아이 캣취 더 넘버 휘프틴헌드뤠드 버스?

버스를 잘못 탄 것 같아요.
I think I took the wrong bus.
아 띵크 아 툭 더 롱 버스.

어느 버스가 기차역을 지나가나요?
Do you know which bus goes by the train station?
두 유 노 위치 버스 고즈 바이 더 트뤠인 스테이션?

그 버스는 얼마나 자주 옵니까?
How often does the bus come?
하우 오픈 더즈 더 버스 컴?

유니언 스테이션까지 몇 정거장 남았나요?
How many stops do I have left to the Union Station?
하우 매니 스탑스 두 아이 해브 레프트 투 더 유니언 스테이션?

여섯 정거장 남았어요.
Six more stops to go.
씩스 모어 스탑스 투 고.

박물관 앞에서 내려주세요.
Drop me off in front of the Museum, please.
드롭 미 오프 인 프론트 오브 더 뮤지엄, 플리즈.

■Taxi 이용

택시 승강장이 어디입니까?
Where is a taxi stand?
웨어 이즈 어 택시 스탠드?

트렁크 좀 열어주시겠어요?
Could you open the trunk, please?
쿠 쥬 오픈 더 트렁크, 플리즈?

어디로 가십니까?
Where would you like to go?
웨어 우 쥬 라익 투 고?

이 주소로 데려다 주세요.
Take me to this address, please.
테익 미 투 디스 어드뤠스, 플리즈.

직진해서 세 블록만 가주세요.
Just go straight three blocks, please.
저스트 고 스트뤠잇 쓰뤼 블락스, 플리이즈.

공항으로 급히 가야합니다.
I'm in a hurry to go to the airport.
아임 인 어 허뤼 투 고 투 디 에어포트.

기본요금이 얼마죠?
What's the basic rate?
왓츠 더 베이직 뤠잇?

공항까지 얼마나 걸릴까요?
How long does it take to go to the airport?
하우 롱 더즈 잇 테익 투 고 투 디 에어포트?

가장 빠른 길로 가주세요.
Please, take the shortest way.
플리즈, 테이크 더 쑈리스트 웨이.

여기서 내려주세요.
Stop here, please.
스탑 히어, 플리즈.

잔돈은 그냥 가지세요.
Keep the change.
킵 더 체인쥐.

잔돈이 없습니다.
I have no change.
아이 해브 노 체인쥐.

■렌트카 이용

차 한 대 렌트하고 싶습니다.
I'd like to rent a car, please.
아이드 라익 투 렌트 어 카, 플리즈.

어떤 차를 원하십니까?
What kind of car would you like?
왓 카인드 오브 카 우 쥬 라익?

자동차 목록을 보여주시겠어요?
Can I see your car list?
캔 아이 씨 유어 카 리스트?

세단 오토매틱으로 부탁합니다.
A sedan with an automatic transmission, please.
어 세단 위드 언 오토메틱 트렌스미션, 플리즈.

수동 기어로 부탁합니다.
I'd like a car with a standard transmission, please.
아이드 라익 어 카 위드 어 스텐다드 트렌스미션, 플리즈.

보험이 포함되었나요?
Does it include insurance?
더즈 잇 인클루드 인슈어런스?

종합보험으로 해주세요.
Full insurance, please.
풀 인슈어런스, 플리즈.

하루에 얼마입니까?
How much is the rate per day?
하우 머취 이즈 더 레잇 퍼 데이?

그것으로 하겠습니다.
Ok. I'll take it.
오케이 아일 테익 잇.

얼마동안 쓰실 거죠?
How long will you need it?
하우 롱 윌 유 니드 잇?

15일간 렌트하려고요.
I'll rent it for 15 days.
아일 렌트 잇 포 휘프틴 데이즈.

다음달 말까지 필요해요.
I need it until the end of next month.
아이 니드 잇 언틸 디 엔드 오브 넥스트 먼쓰.

렌트 전에 차를 한 번 보고 싶습니다.
I'd like to see the car before I rent it.
아이드 라익 투 씨 더 카 비포 아이 렌트 잇.

■ 지하철 이용

이 역이 무슨 역이죠?
What stop are we at?
왓 스탑 아위 앳?

다음이 무슨 역이죠?
What stop is next?
왓 스탑 이스 넥스트?

어느 역에서 내려야 하나요?
Which station should I get off at?
위치 스테이션 슈드 아이 겟 오프 엣?

다음 역에서 내리세요.
Get off at the next station.
겟 오프 앳 더 넥스트 스테이션.

이 라인의 종착역이 어디입니까?
What station is the end of this line?
왓 스테이션 이스 디 엔드 오브 디스 라인?

시청에 가려면 어디서 갈아타야 하나요?
Where should I transfer to get to the City Hall?
웨어 슈드 아이 트렌스퍼 투 겟 투 더 씨리홀?

82번가 역에서 갈아타셔야 합니다.
You'll have to transfer over at 82 St. station.
유일 해브 투 트렌스퍼 오버 앳 에이리 세컨 스트릿 스테이션.

골든 게이트로 가려면 몇 번 출구로 나가야 하나요?
Which exit should I take for Golden Gate?
위치 에그짓 슈드 아이 테익 포 골든 게이트?

B-4번 출구로 나가세요.
Take the B-4 exit.
테익 더 비-포 에그짓.

막차가 몇 시죠?
What time is the last train?
왓 타임 이즈 더 래스트 트뤠인?

■길 묻기

길을 잃었어요.
I'm lost.
아임 로스트.

이 길의 이름은 뭐죠?
What's the name of this street?
왓츠 더 네임 오브 디스 스트륏?

이 근처에 백화점이 있나요?
Is there a department store near by?
이스 데얼 어 디파트먼트 스토어 니얼 바이?

이미 지나왔어요.
You've come too far.
유브 컴 투 파.

공중전화가 어디 있습니까?
Where can I find a public phone?
웨어 캔 아이 파인드 어 퍼블릭 폰?

다음 신호등에서 오른쪽으로 가세요.
Turn right at the next traffic light.
턴 롸잇 앳 더 넥스트 트뤠픽 라잇.

힐튼호텔 가는 길 좀 가르쳐주시겠어요?
Could you tell me the way to the Hilton Hotel?
쿠 쥬 텔 미 더 웨이 투 더 힐튼 호텔?

다음 모퉁이에서 우측으로 돌아가세요.
Turn left at the next corner.
턴 레프트 앳 더 넥스트 코너.

이 길을 따라가세요.
Just go along this street.
저스트 고 어롱 디스 스트륏.

소방서 건너편에 있어요.
It's across the street from the fire house.
잇츠 어크로스 더 스트륏 프롬 더 파이어 하우스.

저도 이 근방의 지리를 잘 몰라요.
I just don't know the way around here.
아이 저스트 돈 노 더 웨이 어라운 히어.

경찰에게 물어보는 게 좋겠네요.
You'd better ask the police officer.
유드 베러 애스크 더 폴리스 오피서.

약도를 좀 그려주시겠습니까?
Could you draw me a map, please?
쿠 쥬 드로우 미 어 맵, 플리이즈?

이 지도에서 제가 있는 곳이 어디죠?
Where on this map am I?
웨어 온 디스 맵 앰 아이?

여기서 코리아 타운까지 먼가요?
Is Korea Town far from here?
이스 코리아 타운 파 프롬 히어?

호텔에서

■호텔 예약과 체크인

예약을 하고 싶은데요.
I'd like to make a reservation, please.
아이드 라익 투 메이크 어 레저베이션, 플리즈.

이틀간 묵을 2인실 하나를 예약하고 싶은데요.
I'd like to book a twin room for two nights.
아이드 라익 투 북 어 트윈 룸 포 투 나잇츠.

언제 도착하시나요?
When do you arrive?
웬 두 유 어롸이브?

1월 13일 오후에 도착할 겁니다.
I'll arrive there on the 13th of January in the afternoon.
아일 어롸이브 데어 온 더 썰틴스 오브 재뉴어뤼 인 디 앱터눈.

얼마 동안 묵을 예정이십니까?
How long will you stay?
하우 롱 윌 유 스테이?

3일간 묵을 예정입니다.
I'll stay for 3 nights.
아일 스테이 포 쓰뤼 나잇츠.

죄송합니다. 모두 예약이 끝났습니다.
I'm sorry, rooms are all booked up.
아임 쏘리. 룸스 아 올 북트 업.

어떤 방을 원하십니까?
What kind of room would you like?
왓 카인드 오브 룸 우 쥬 라이크?

전망이 좋은 2인실로 부탁합니다.
I'd like a double room with a nice view.
아이드 라이크 어 더블 룸 위드 어 나이스 뷰.

하룻밤 숙박료가 얼마죠?
How much for one night?
하우 머취 포 원 나잇?

더 싼 방 있나요?
Do you have anything cheaper?
두 유 해브 애니띵 칩퍼?

방을 먼저 볼 수 있을까요?
Can I see the room first?
캔 아이 씨 더 룸 훨스트?

아침식사가 포함된 요금인가요?
Does this rate include breakfast?
더즈 디스 뤠잇 인클루드 브뤠퍼스트?

체크인해주세요.
I'd like to check in, please.
아이드 라익 투 체크인, 플리이즈.

이준하라는 이름으로 예약을 했습니다.
I have a reservation under the name of Jun Ha Lee.
아이 해브 어 뤠저베이션 언더 더 네임 오브 준 하 리.

예약 확인서를 보여주시겠습니까?
May I see your confirmation slip, please?
메아이 씨 유어 컨훰매이션 슬립, 플리즈?

성함을 말씀해 주시겠습니까?
May I have your name, please?
메아이 해브 유어 네임, 플리즈?

숙박카드를 작성해주시겠습니까?
Could you fill out the registration form, please?
쿠 쥬 휠 아웃 더 뤠지스트뤠이션 폼, 플리즈?

어떻게 작성하는지 가르쳐주시겠습니까?
Could you tell me how to write it, please?
쿠 쥬 텔 미 하우 투 롸잇 잇, 플리즈?

여기에 성함과 국적, 그리고 여권번호를 적으시면 됩니다.
Just write your name, nationality, and also your passport number here.
저스트 롸잇 유어 네임, 네셔널리티, 앤 올소 유어 패스포트 넘버 히어.

■호텔 서비스

룸서비스를 어떻게 부르죠?
How can I call room service?
하우 캔 아이 콜 룸 서비스?

룸서비스가 몇 시에 끝나나요?
What time does room service stop serving?
왓 타임 더즈 룸 서비스 스탑 서빙?

서울로 국제전화를 걸고 싶습니다.
I'd like to make a call to Seoul, Korea.
아이드 라익 투 메이크 어 콜 투 서울 코리아.

6시에 모닝콜 좀 해주세요.
I'd like to get a wake-up call at 6:00.
아이드 라익 투 겟 어 웨이크-업 콜 앳 씩스.

식당 예약을 좀 해주시겠어요?
Could you make a reservation for a restaurant, please?
쿠 쥬 메이크 어 뤠저베이션 포 러 뤠스토런, 플리즈?

세탁 서비스가 가능한가요 ?
Do you have a laundry service ?
두 유 해브 어 론드뤼 서비스?

귀중품을 여기에 맡길 수 있을까요 ?
Can I keep my valuables here ?
캔 아이 킵 마이 밸류어블스 히어?

팁입니다.
Here's your tip.
히얼스 유어 팁.

여기 한국어를 할 줄 아는 사람이 있나요?
Does someone here speak Korean?
더즈 섬원 히어 스픽 코리안?

짐을 방으로 옮겨줄 사람이 필요한데요.
I need someone to bring my baggage up.
아이 니드 섬원 투 브링 마이 배기쥐 업.

방에 금고가 있습니까?
Does the room have a safety box?
더즈 더 룸 해브 어 세이프티 박스?

인터넷을 어디서 이용할 수 있어요?
Where can I use the internet?
웨어 캔 아이 유스 디 인터넷?

이 소포를 한국으로 보내주세요.
I'd like to send this parcel to Korea.
아이드 라익 투 센드 디스 파슬 투 코리아.

공항 셔틀버스가 얼마나 자주 오나요?
How often does the airport shuttle bus come?
하우 오픈 더즈 디 에어포트 셔틀 버스 컴?

■체크아웃

몇 시에 체크아웃을 해야 하나요?
When's the check out time?
웬즈 더 체크아웃 타임?

로비로 짐 옮기는 걸 도와주시겠어요?
Could you help me to take my baggage down to the lobby, please?
쿠 쥬 헬프 미 투 테이크 마이 배기쥐 다운 투 더 로비, 플리즈?

짐이 4개 있어요.
I have four pieces of baggage.
아이 해브 포 피시스 오브 배기쥐.

하루 더 묵고 싶은데요.
I'd like to stay one more night.
아이드 라익 투 스테이 원 모어 나잇.

하루 일찍 나가고 싶은데요.
I'd like to leave one day earlier.
아이드 라익 투 리브 원 데이 얼리어.

체크아웃 부탁합니다.
Check out, please.
체크아웃, 플리즈.

11시 30분에 체크아웃하겠습니다.
I'm going to check out at 11:30.
아임 고잉 투 체크아웃 앳 일레븐 써리.

계산서 주세요.
Bill, Please.
빌, 플리즈.

방에 뭘 두고 왔어요.
I left something in my room.
아이 레프트 섬띵 인 마이 룸.

합계요금이 얼마죠?
How much is the total charge?
하우 머취 이스 더 토럴 차아쥐?

요금이 생각보다 높은 것 같아요.
This seems a little high.
디스 씸스 어 리를 하이.

카드로 계산해도 되나요?
Can I pay by credit card?
캔 아이 페이 바이 크뤠딧 카드?

계산에 실수가 있는 것 같은데요.
I think there is a mistake in this bill.
아이 띵크 데얼 이스 어 미스테이크 인 디스 빌.

제 비자카드로 해주세요.
Put it on my VISA, please.
풋 잇 온 마이 비자, 플리즈.

여행자수표도 취급하나요?
Do you accept traveler's checks?
두 유 억셉트 트뤠블러스 첵스?

맡긴 귀중품을 찾고 싶은데요.
I'd like my valuables back.
아이드 라이크 마이 밸류어블스 백.

5시까지 짐을 맡길 수 있을까요?
Could you keep my baggage until five o'clock?
쿠 쥬 킵 마이 배기쥐 언틸 화이브 어클락?

택시를 불러주시겠어요?
Could you call a taxi for me?
쿠 쥬 콜 어 택시 포 미?

영수증 좀 주세요.
I need a receipt, please.
아이 니드 어 뤼씻, 플리즈.

식당 · 쇼핑

■ 주문하기

메뉴 좀 주세요.
Menu, please.
메뉴, 플리즈.

주문하시겠습니까?
May I take your order, please?
메아이 테익 유어 오더, 플리즈?

메뉴 좀 다시 보여주시겠어요?
Can I see the menu again?
캔 아이 씨 더 메뉴 어게인?

음료를 먼저 주문하겠습니다.
We'd like to order drinks first.
위드 라익 투 오더 드륑크스 퍼스트.

조금만 더 기다려주시겠어요?
Would you give me a few more minutes?
우 쥬 깁 미 어 퓨 모어 미닛츠?

이 식당에서 잘하는 요리가 뭐죠?
What's the specialty of the house?
왓츠 더 스페셜티 오브 더 하우스?

오늘의 특별요리가 뭐죠?
What's today's special?
왓츠 투데이스 스페셜?

이것과 이걸로 하겠습니다.
I'll have this and this, please.
아일 해브 디스 앤 디스, 플리즈.

이건 어떻게 요리되어 나오나요?
How is it cooked?
하우 이즈 잇 쿡트?

이것의 재료가 뭐죠?
What are the ingredients of it?
왓 아 디 인그뤼디언츠 오브 잇?

저것과 같은 걸로 주세요.
I'd like to have the same dish as that.
아이드 라익 투 해브 더 쌔임 디쉬 애즈 댓.

더 필요한 거 있으십니까?
Anything else?
애니띵 엘스?

디저트는 무엇으로 하시겠습니까?
What would you like to have for dessert?
왓 우 쥬 라익 투 해브 포 디저트?

■ 쇼핑하기

여성복 매장은 몇 층에 있나요?
Which floor is women's wear on?
위치 플로어 이스 위민스 웨어 온?

이 근처에 면세점이 있나요?
Is there a duty-free shop around here?
이스 데얼 어 듀리-프리 샵 어라운드 히어?

전자제품을 어디서 살 수 있어요?
Where can I buy electronic goods?
웨어 캔 아이 바이 일렉트로닉 굿즈?

찾으시는 물건 있으세요?
May I help you?
메 아이 헬프 유?

그냥 구경하고 있어요.
I'm just looking around.
아임 저스트 룩킹 어라운드.

여자 친구에게 선물할 목걸이를 찾고
있어요.
I'm looking for a necklace for my girl
friend.
아임 룩킹 포 러 넥클레이스 포 마이 걸프렌드.

저쪽에 저것 좀 보여주시겠어요?
Could you show me that one there, please?
쿠 쥬 쇼 미 댓 원 데어, 플리즈?

이거 5사이즈 있어요?
Have you got this in size 5?
해 뷰 갓 디스 인 사이즈 화이브?

다른 것 좀 보여주시겠어요?
Could you show me another one, please?
쿠 쥬 쇼 미 어나더 원, 플리즈?

면세품인가요?
Is it tax-free?
이즈 잇 택스 프리?

이 향수 좀 보여주시겠어요?
Would you show me this perfume?
우 쥬 쇼 미 디스 퍼퓸?

품질이 더 좋은 것 있어요?
Do you have something better quality?
두 유 해브 썸띵 베러 퀄리리?

옷 사이즈 비교표			
Korea	Italy	UK	US
44	36	6-8	0-2
55	38-40	8-10	4-6
66	42-44	12-14	8-10
77	46-48	16-18	12-14
88	50-52	20-22	16-18

신발 사이즈 비교표			
Korea	Italy	UK	US
230	36.5	4	6
235	37	4.5	6.5
240	38	5	7
245	38.5	5.5	7.5
250	39	6	8
255	39.5	6.5	8.5
260	40	7	9
265	40.5	7.5	9.5
270	41	8	10
275	41.5	8.5	11.5

입어 봐도 되나요?
Can I try this on?
캔 아이 트라이 디스 온?

탈의실이 어디죠?
Where is the fitting room?
웨어 이스 더 휘링 룸?

너무 꽉 끼는데요.
It's too tight for me.
이츠 투 타잇 포 미.

어떤 종류의 색상이 있나요?
What kind of colors do you have?
왓 카인드 오브 컬러스 두 유 해브?

이거 재질이 뭐죠?
What's it made of?
왓츠 잇 메이드 오브?

긴급 상황

■분실 · 도난

분실물 취급소가 어디죠?
Where is the lost and found?
웨얼 이즈 더 로스트 앤 화운드?

여권을 잃어버렸어요.
I lost my passport.
아이 로스트 마이 패스포트.

제 카메라를 잃어버렸어요.
I lost my camera.
아이 로스트 마이 캐머라.

가방을 버스에 두고 내렸어요.
I left my bag on the bus.
아이 레프트 마이 백 온 더 버스.

어디서 잃어버렸는지 모르겠어요.
I don't know where I lost it.
아이 돈 노 웨얼 아이 로스트 잇.

만약 찾으시면 이 번호로 전화주세요.
Please, call me at this number if you find it.
플리즈, 콜 미 앳 디스 넘버 이프 유 파인드 잇.

도둑이야! 저놈 잡아라!
Thief! Get him!
띠프! 겟 힘!

누가 제 가방을 빼앗아갔어요.
Someone took my bag.
썸원 툭 마이 백.

제 시계를 도난당했어요.
I had my watch stolen.
아이 해드 마이 왓치 스톨른.

어젯밤 제 방에 도둑이 들었어요.
Someone broke into my room last night.
썸원 브로크 인투 마이 룸 라스트 나잇.

■교통사고

누가 경찰 좀 불러주세요!
Somebody call the police!
썸바리 콜 더 폴리스!

위급 상황이에요.
It's an emergency!
잇츠 언 이멀젼씨!

구급차를 불러주세요.
I need an ambulance.
아이 니드 언 엠뷸런스.

교통사고가 났어요.
There's been a car accident.
데얼스 빈 어 카 액시던트.

교통사고를 당했어요.
I was in a car accident.
아이 워즈 인 어 카 액시던트.

여기 부상당한 사람이 있어요.
There's an injured person here.
데얼스 언 인줘어드 펄슨 히어.

부상 상태가 어떤가요?
Tell me the healing of your injury?
텔 미 더 힐링 오브 유얼 인줘리?

출혈이 심합니다.
He is bleeding badly.
히 이즈 블리딩 배들리.

의식이 없어요.
He is unconcious.
히 이즈 언컨셔스.

숨을 못 쉬겠어요.
I can't breathe.
아이 캔트 브레뜨.

■병원에서

보험에 가입되어 있나요?
Do you have insurance?
두 유 해브 인슈어런스?

여행자 보험이 있어요.
I have traveler's insurance.
아이 해브 트뤠블러스 인슈어런스.

진찰을 받고 싶은데요.
I need to see a doctor.
아이 니드 투 씨 어 닥터.

여기 한국어를 하는 의사가 있나요?
Is there a Korean-speaking doctor here?
이즈 데얼 어 코리안-스피킹 닥터 히어?

어디가 이상하시죠?
What seems to be the problem?
왓 씸스 투 비 더 프라블럼?

증상이 어떻습니까?
What are your symptoms?
왓 아 유어 씸텀스?

그가 다리 위에서 떨어졌어요.
He fell down from the bridge.
히 펠 다운 프롬 더 브륏지.

그가 기절했어요.
He fainted.
히 페인티드.

제 친구가 자동차에 치였어요.
A car ran over my friend.
어 카 랜 오버 마이 프렌드.

제 친구에게 응급처치를 해주시겠어요?
Could you apply first aid to my friend, please?
쿠 쥬 어플라이 퍼스트 에이드 투 마이 프렌드, 플리즈?

몸이 아파요.
I feel sick.
아이 필 씩.

감기에 걸린 것 같아요.
I think I've got a cold.
아이 띵크 아이브 갓 어 콜드.

열이 있어요.
I have a fever.
아이 해브 어 피버.

두통이 있어요.
I have a headache.
아이 해브 어 헤데이크.

설사를 해요.
I've got the runs.
아이브 갓 더 런스.

기침이 멈추질 않아요.
I can't stop coughing.
아이 캔트 스탑 커휭.

계속 구토를 해요.
I keep throwing up.
아이 킵 쓰로윙 업.

여기가 아파요.
I feel pain here.
아이 필 페인 히어.

뭐가 잘못 된 거죠?
What's wrong with me?
왓츠 롱 위드 미?

식중독인 것 같네요.
Looks like you've got food poisoning.
룩스 라이크 유브 갓 푸드 포이져닝.

■ 약국에서

아스피린 있어요?
Can I have some aspirin?
캔 아이 해브 썸 애스퍼린?

몸이 안 좋아요.
I don't feel well.
아이 돈 필 웰.

반창고 좀 주세요.
I need some band-aids, please.
아이 니드 썸 밴드-애이즈, 플리즈.

진통제 있어요?
Do you have painkillers?
두 유 해브 패인-킬러스?

안약 좀 주세요.
Can I have eye-drops, please?
캔 아이 해브 아이-드랍스, 플리즈?

소화불량에 어떤 약을 먹어야 하나요?
What should I get for indigestion?
왓 슈드 아이 겟 포 인디제션?

이 처방전대로 조제해주세요.
Could I get this prescription filled?
쿠드 아이 겟 디스 프뤼스크립션 휠드?

여기 처방전이 있어요.
Here's the prescription.
히얼스 더 프뤼스크립션.

처방전 없인 판매할 수 없습니다.
I can't sell this without a prescription.
아이 캔트 쎌 디스 위다웃 어 프뤼스크립션.

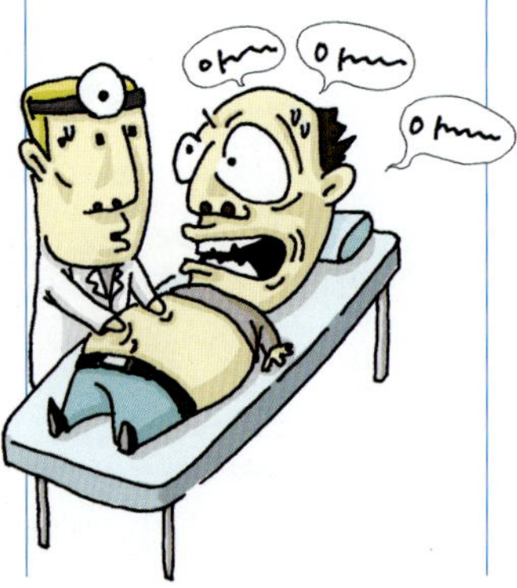

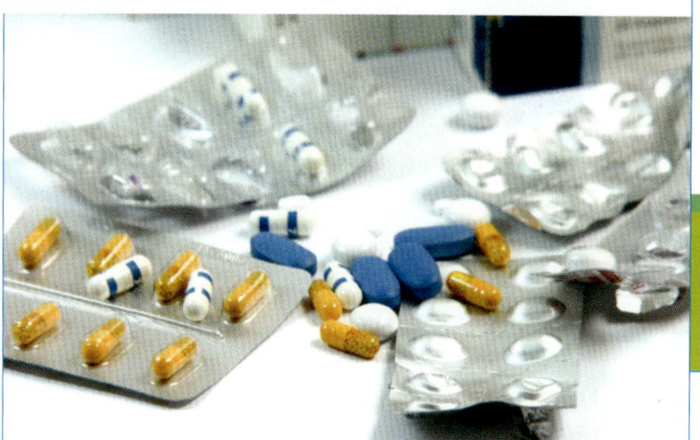

이 약을 어떻게 복용하죠?
How do I take this medicine?
하우 두 아이 테익 디스 메디씬?

얼마나 자주 복용해야 하나요?
How often do I take this pill?
하우 오픈 두 아이 테익 디스 필?

하루에 몇 알을 복용해야 하나요?
How many tablets should I take a day?
하우 매니 타블릿츠 슈드 아이 테이크 어 데이?

식사 전에 복용해야 하나요?
Should I take it before eating?
슈드 아이 테이크 잇 비포어 이링?

부작용은 없나요?
Are there any side effects?
아 데어 애니 사이드 이풱츠?

알레르기 있으세요?
Do you have any allergies?
두 유 해브 애니 알러지스?

이게 고통을 완화시켜줄 것입니다.
This will relieve your pain.
디스 윌 륄리브 유어 패인.

이걸 복용하시면 통증이 완화될 겁니다.
If you take this pill, it will ease your pain.
이프 유 테이크 디스 필, 잇 윌 이즈 유얼 페인.

얼마 동안이나 안정을 취해야 하나요?
How long do I have to stay at home?
하우 롱 두 아이 해브 투 스태이 앳 홈?

여행을 잠시 멈춰야만 하나요?
Do I have to stop traveling for a while?
두 아이 해브 투 스탑 트뤠블링 포 러 와일?

지금은 한결 나아졌어요.
I feel much better now.
아이 필 머취 베러 나우.

○ **초판 인쇄일** _ 2008년 6월 23일
초판 발행일 _ 2008년 6월 27일
발행인 _ 박정모
발행처 _ 도서출판 헤지원
주소 _ 서울시 동대문구 장안 1동 420-3호
전화 _ 영업부 02)2212-1227, 2213-1227
전화 _ 편집부 02)2249-7975
팩스 _ 02)2247-1227
홈페이지 _ http://www.hyejiwon.co.kr
○ **지은이** _ MOOK 편집실
기획 · 진행 _ 강은혜, 유신향
교정 · 교열 _ 최현아
디자인, 본문편집 _ 지미숙
표지디자인 _ 김경미
영업마케팅 _ 김남권, 고광수, 황대일, 서지영
ISBN _ 978-89-8379-558-8
       978-89-8379-539-7 (세트)
정가 _ 7,800원

무료통화이용권(콜렉트콜)

3,000원

- 외국에서 한국으로 전화시 착신번호마다 매월 1,000원씩 무료로 통화하실 수 있습니다! (3개번호)

우리은행 환율우대

쿠폰 NO.US GA 135248

50%

- 본 쿠폰은 다른 우대서비스와 중복하여 사용 할 수 없으며, 우대율은 은행 사정에 따라 조정될 수 있습니다.
- 유효기간 : ~ 2008년 12월 31까지
- 우대 내용 후면 참조

※ 단, 미화기준으로 500달러 미만은 30% 할인

우리은행

출국 준비물 위드공구 할인쿠폰

NO. W214619−1948

Discount Coupon **10~5%**

- 본 쿠폰은 1인 1회에 한하여 사용 가능합니다.
- 본 쿠폰은 다른 쿠폰과 중복하여 사용하실 수 없습니다.
- 일부 품목은 할인에서 제외될 수 있습니다. www.with09.net

with09.net

공항고속/센트럴시티 리무진 버스 할인권

NO. 903921

Limousine Bus Discount Coupon

2,000 원 할인권(1회)

- 유효기간 : ~ 2008년 12월 31일까지
- 홈페이지 : www.samhwaexpress.com
- 승차권 구입장소 및 이용방법 후면 참조
  www.centralcityseoul.co.kr

공항고속
CENTRAL CITY

공항고속/센트럴시티 리무진 버스 할인권

NO. 903921

Limousine Bus Discount Coupon

2,000 원 할인권(1회)

- 유효기간 : ~ 2008년 12월 31일까지
- 홈페이지 : www.samhwaexpress.com
- 승차권 구입장소 및 이용방법 후면 참조
  www.centralcityseoul.co.kr

공항고속

CENTRAL CITY

현재 계신 곳의 국가접속번호 🔊 카드번호 **7890** [#] + 지역번호를 포함한 상대방 전화번호 + [#]

※ 공중전화에서는 발신음을 먼저 확인하고 사용하세요. (발신음이 들리지 않을 경우 카드 또는 동전을 넣어주세요.)
사용예) 미국에서 한국(02-123-4567)으로 전화할 경우 1877-705-0469 🔊 카드번호 + # 🔊 교환원 연결

호 주	1800-007-548	미국(괌)	1877-705-0469	중국(북방)	108-8824
뉴질랜드	080-044-8043	사 이 판	1800-831-0366	중국(남방)	10800-140-0688
캐 나 다	1877-705-0474	하 와 이	1877-705-0471	일본(유선)	0044-2213-2325
그 리 스	0080-012-6546	오스트리아	0800-291-285	말레이시아	1800-80-8401
영 국	0800-032-3503	스 페 인	900-931-993	인도네시아	001-803-011-3411
프 랑 스	0800-900-092	체 코	800-142-542	필 리 핀	105-821
독 일	0800-101-2976	스 위 스	0800-562-317	홍 콩	800-967-360
이탈리아	800-708-044	벨 기 에	080-077-463	베 트 남	1783-500
네덜란드	080-0022-5196	헝 가 리	068-001-7175	태 국	001-800-120-664-908
포르투갈	8008-12982				

※ 지역에 따라 공중전화에서 사용이 제한될 수 있습니다. ※ 기타 국가 접속번호 및 이용문의 : 인터콜 고객만족팀(02-568-9500)
※ 요금은 hanarotelecom 에서 수신자부담으로 청구합니다.

우리은행 환율우대 쿠폰안내

• 본 쿠폰은 1인 1회에 한하여 사용가능합니다.(개인에 한함)
• 우리은행 전 영업점(인천국제공항지점 제외)에서 외화현찰, 여행자수표를 환전하거나
  해외송금시 우대환율을 적용하여 드립니다.(중국화폐CNY는 30% 우대)
  – 할인우대율 : 당일고시 매매기준율과 대고객매매율 차이의 환전수수료 50~30%를 우대
• 본 쿠폰은 다른 우대조치와 중복하여 사용하실 수 없으며, 우대율은 은행사정에따라 조정될 수 있습니다.

유학이주센터

세종로 유학이주센터	02)399-2742	목동 유학이주센터	02)2652-4030	테헤란로 유학이주센터	02)554-3071/3
연희동 유학이주센터	02)324-7001	종로 YMCA 유학이주센터	02)738-8472	연세 유학이주센터	02)313-3198
압구정동 유학이주센터	02)541-2947	대치역 유학이주센터	02)569-9031	대치남 유학이주센터	02)567-0483
분당중앙 유학이주센터	031)704-1541	일산중앙 유학이주센터	031)919-0501	서면 유학이주센터	051)804-2007
도곡스위트 유학이주센터	02)2058-1100	수영만 유학이주센터	051)747-9701		

※ 무료상담전화 : 080-365-5000

쿠폰사용방법

www.with09.net 접속 ···▶ 회원가입 후 가입경로 "동호회 추천" ···▶ 우측 코드란에 쿠폰 NO.W214619-1948입력 가입완료되시면 전품목 할인된 가격으로 표기됩니다.

❌ 대표상품

이민가방, 여행가방, 전통기념품, 트랜스, 전세계 플러그, 침낭, 압축팩, 전기장판,
전자사전 등 전세계 출국준비물 국내 최저가 판매

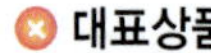

문의전화 : (02)374-6227 / 010-6313-1664

공항고속/센트럴시티 리무진 버스 할인권 안내

Limousine Bus Discount Coupon

★ 이용구간
• 인천국제공항 –〉 강남 센트럴시티 방면
• 인천국제공항 –〉 서울역, 용산역 방면

승차권 구입장소 : 입국장(1층) 4A, 10B 출입구 옆 승차권 판매소

성함	E-mail	내용을 기입하셔야 이용 가능합니다.

★ 승차권 구입시 우대권 제출해 주십시오.(1인 1매에 한하여 타 쿠폰과 중복사용 불가)
★ 문의전화 : 센트럴시티 02)6282-0652 서울역 / 용산역 02)775-7915

공항고속/센트럴시티 리무진 버스 할인권 안내

Limousine Bus Discount Coupon

★ 이용구간
• 센트럴시티 –〉 인천국제공항(센트럴시티내 호남선터미널 1층 리무진 매표소)
• 서울역 –〉 인천국제공항(서울역 광장 역전파출소 앞 리무진 매표소)
• 용산역 –〉 인천국제공항(용산역 지상3층 달 주차장 리무진 매표소)

성함	E-mail	내용을 기입하셔야 이용 가능합니다.

★ 승차권 구입시 우대권 제출해 주십시오.(1인 1매에 한하여 타 쿠폰과 중복사용 불가)
★ 문의전화 : 센트럴시티 02)6282-0652 서울역 / 용산역 02)775-7915